本草光阴

2018

中药养生文化日历

杨柏灿 编

人民卫生出版社

一花一叶一世界

一药一食一光阴

关注人卫中医
领悟岐黄真谛

荏苒光阴静，
悠悠药草香，
国粹文化传，
药食护安康。

人卫中医

人参

Panax ginseng

主产吉林、辽宁、黑龙江等地。

性　味：甘、微苦，微温。

功　效：大补元气，复脉固脱，补脾益肺，安神益智，生津养血。

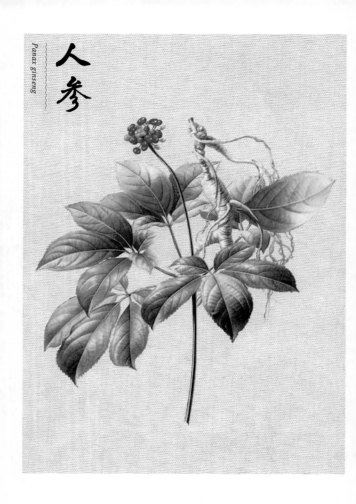

2018

农历丁酉年

本草光阴

中药养生文化日历

一月

1

星期一

农历十一月十五

元旦

人参

Panax ginseng

养生药膳

清蒸人参鸡

配　方：人参15克，香菇15克，母鸡1只，火腿10克，调料适量。

制　作：母鸡洗净；香菇、火腿、葱、姜切片备用；人参洗净用开水泡开后蒸笼蒸30分钟，取出；母鸡放入盆内，加人参、香菇、火腿、葱、姜等，上笼旺火蒸至烂熟，调味即可。

功　效：益气补虚。

文化故事

《送客之潞府》（唐）韩翃

官柳青青匹马嘶，回风暮雨入铜鞮，

佳期别在春山里，应是人参五叶齐。

2018

本草光阴

农历丁酉年

中药养生文化日历

一月

2

星期二

农历十一月十六

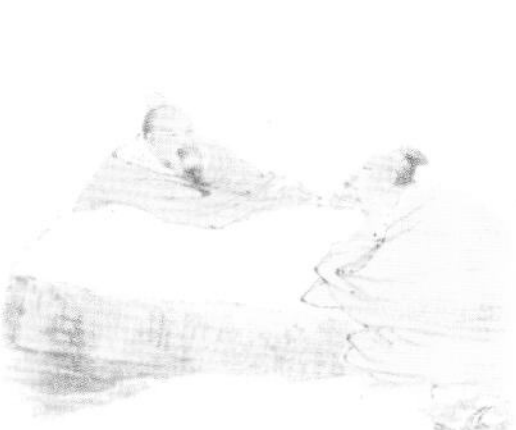

益母草

Leonurus japonicus

以质嫩、叶多、色灰绿者为佳。

性 味:苦、辛,微寒。

功 效:活血调经,利水消肿,清热解毒。

2018

农历丁酉年

本草光阴

中药文化养生日历

一月

3

星期三

农历十一月十七

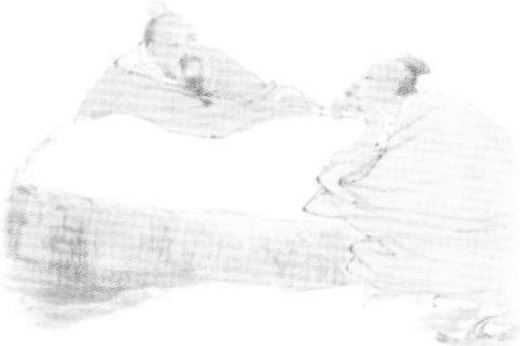

益母草

Leonurus japonicus

养生药膳

益母草瘦肉汤

配　方:益母草 300 克,瘦肉 100 克,调料适量。

制　作:瘦肉洗净切好加入姜丝、盐、生粉、油拌匀腌 10 分钟;砂锅中放入瘦肉,加水煮开,放入益母草,再次煮开后即可食用。

功　效:活血调经止痛。

文化故事

《本草诗·益母》(清)赵瑾叔

茺蔚何缘益母名,女科专用自分明。

乳头敷上痈俱散,面上涂来刺不生。

利产按时能速下,调经过月可徐行。

若还求嗣须常服,子叶花根并用精。

一月

4

星期四

农历十一月十八

肉桂

Cinnamomum cassia

主产广东、广西、云南等地。以皮细肉厚、油性大、香气浓、味甜辣、嚼之渣少者为佳。

性 味：辛、甘，大热。

功 效：补火助阳，引火归原，散寒止痛，温通经脉。

2018

农历丁酉年

本草光阴

中药文化养生日历

一月

5

星期五

农历十一月十九

小寒

肉桂

Cinnamomum cassia

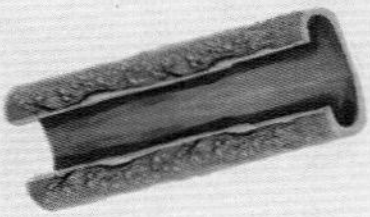

养生药膳

荜茇肉桂粥

配 方: 肉桂3克,荜茇5克,白胡椒粉1克,粳米适量。

制 作: 粳米洗净;荜茇、肉桂研粉;粳米入锅加水煮至米开花;倒入荜茇、肉桂粉末,共煮至米熟烂成稀粥,白胡椒粉拌匀,即可食用。

功 效: 温中散寒止痛。

文化故事

大凡树木的叶心皆一纵理,唯桂树有两道如圭形,故字从圭。药用树皮,品质以皮细肉厚、体重汁多、香气浓者为佳,故名肉桂。

一月

6

星期六

农历十一月二十

丹参

Salvia miltiorrhiza

主产安徽、山东等地。以条粗壮、色紫红者为佳。

性 味：苦，微寒。

功 效：活血祛瘀，通经止痛，清心除烦，凉血消痈。

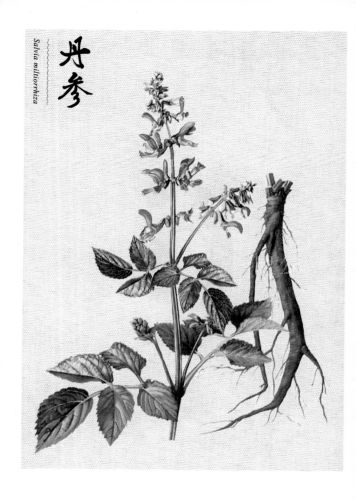

2018

本草光阴

农历丁酉年

中药养生文化日历

一月

7

星期日

农历十一月廿一

丹参

Salvia miltiorrhiza

养生药膳

丹参煮田鸡

配　方：丹参 15 克，田鸡 250 克，调料适量。

制　作：将田鸡去皮、内脏，洗净，放入砂锅中，加清水适量、丹参浸泡片刻；先旺火烧沸，后改文火炖煮 2 小时，加调料即可。

功　效：活血化瘀，益气利水。

文化故事

《本草诗·丹参》（清）赵瑾叔

赤参色合丙丁奇，独入心家听指挥。

胎任死生俱有赖，血随新旧总堪依。

排脓止痛功偏速，长肉生肌效可期。

一味古称同四物，妊娠无故不相宜。

一月

8

农历十一月廿二

星期一

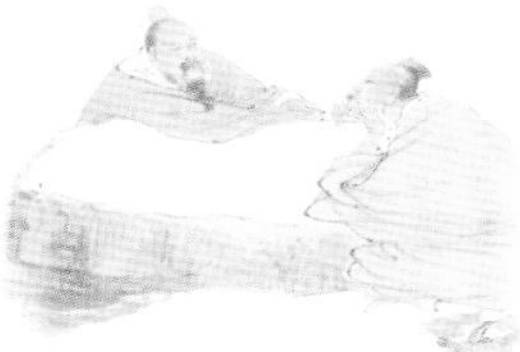

川芎

Ligusticum chuanxiong

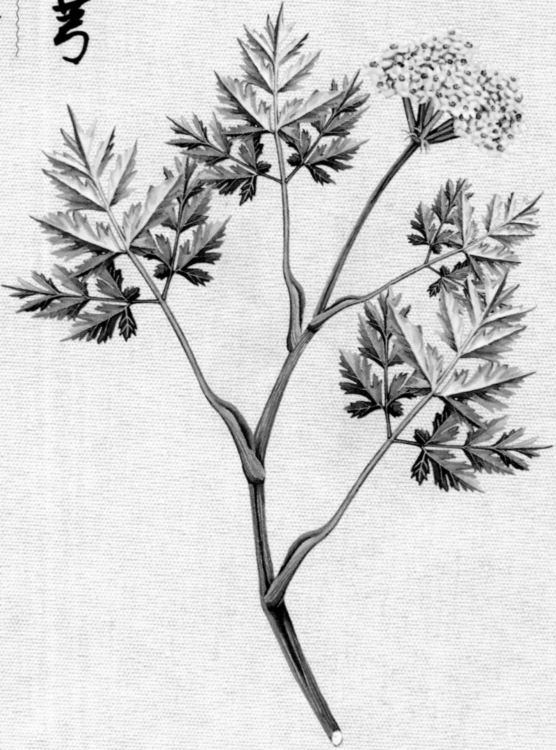

主产四川、江西等地。以质坚实、断面色黄白、油性大、香气浓者为佳。

性 味:辛,温。

功 效:活血行气,祛风止痛。

2018

本草光阴

农历丁酉年

中药文化养生日历

一月

9

星期二

农历十一月廿三

Ligusticum chuanxiong

川芎

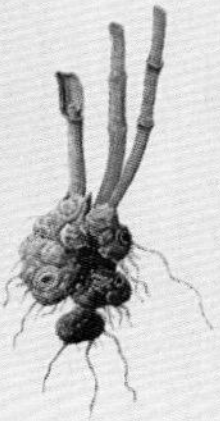

养生药膳

川芎煮鸡蛋

配 方:川芎8克,鸡蛋2个,红糖适量。

制 作:将川芎、鸡蛋加水同煮,鸡蛋熟后去壳再煮片刻,去渣加红糖调味即成。

功 效:行气活血。

文化故事

原名"芎䓖"。李时珍:"人头穹窿穷高,天之象也。此药上行,专治头脑诸疾,故有芎䓖之名。"素有"头痛须用川芎""头痛不离川芎"之说。

2018

农历丁酉年

本草光阴

中药养生文化日历

一月

10

星期三

农历十一月廿四

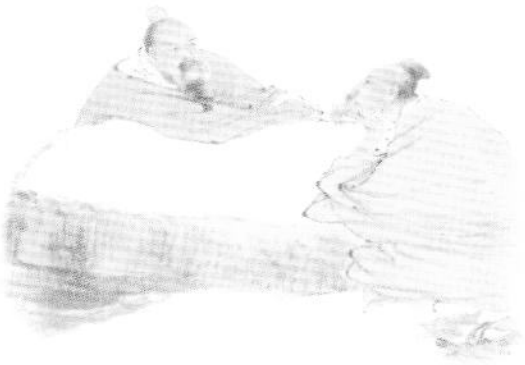

三七

Panax notoginseng

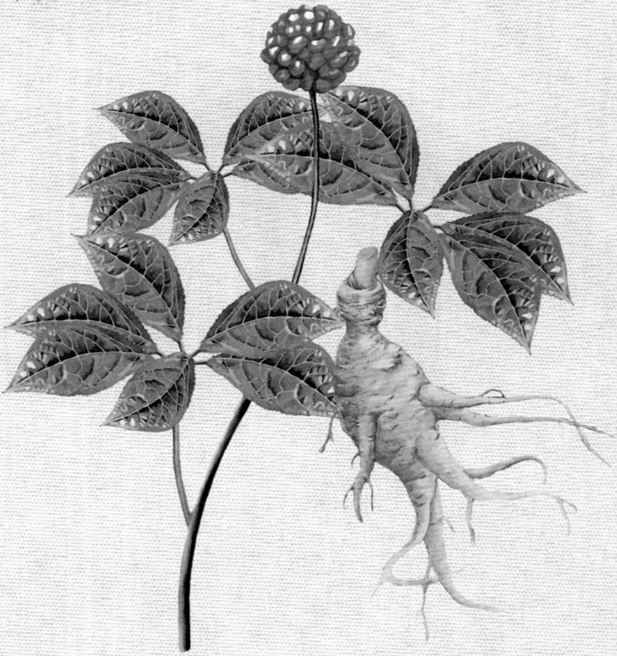

主产云南、广西。以个大质坚、断面灰绿或黄绿色、气味浓厚者为佳。

性 味：甘、微苦，温。

功 效：散瘀止血，消肿定痛。

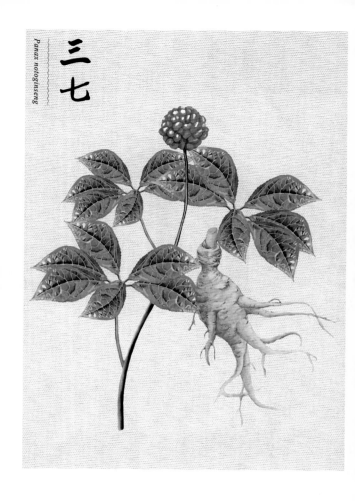

2018

本草光阴

农历丁酉年

中药养生文化日历

一月

11

星期四

农历十一月廿五

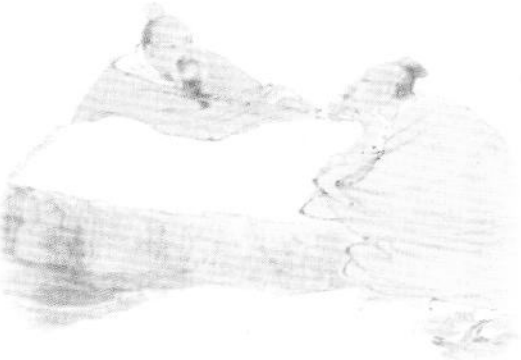

三七

Panax notoginseng

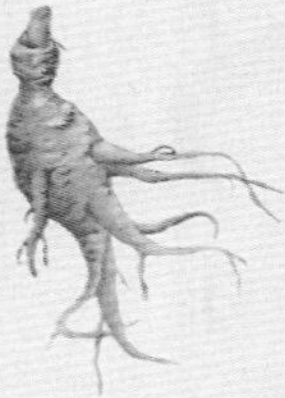

养生药膳

三七炖鸡

配　方： 三七 10 克，母鸡 500 克。

制　作： 鸡肉洗净，三七磨成粉；大火将水烧开，加入鸡肉煮 3~5 分钟，然后将鸡肉取出，移到炖盅内；加入三七粉及适量的葱、食盐，于小火上炖至鸡肉熟透后即可食用。

功　效： 活血止痛，益气健脾。

文化故事

《本草诗·三七》（清）赵瑾叔

本名山漆不须疑，屈指何曾有数推。
锋簇涂来疮即合，杖笞敷上痛无知。
损伤跌扑堪排难，肿毒痈疽可救危。
猪血一投俱化水，真金不换效尤奇。

一月

12

星期五

农历十一月廿六

巴戟天

Morinda officinalis

主产广东、广西等地。以条粗肉厚、紫黑色、木心小者为佳。

性 味:甘、辛,微温。

功 效:补肾阳,强筋骨,祛风湿。

2018

本草光阴

农历丁酉年

中药养生文化日历

一月

13

农历十一月廿七

星期六

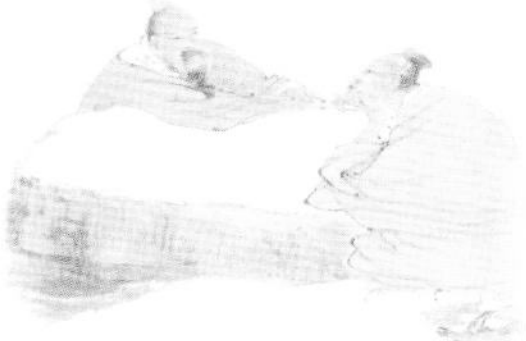

Morinda officinalis

巴戟天

养生药膳

巴戟烧虾子

配　方: 虾子 8 克,巴戟 6 克,鲜茭白 250 克,调料适量。

制　作: 巴戟研粉;虾子洗净;茭白洗净切块;锅置火上放油,下葱末、蒜末煸出香味,入虾子,再放入茭白煸炒;加水,入巴戟粉、酱油、料酒,熟后调味即可。

功　效: 补肾阳,祛风湿,强筋骨。

文化故事

《本草诗·巴戟天》(清)赵瑾叔

巴戟连珠出蜀中,不凋三蔓草偏丰。
煮和黑豆颜堪借,恶共丹参惜不同。
治气疝颠俱伏小,固精阳事独称雄。
劳伤虚损宜加用,上下还驱一切风。

2018

农历丁酉年

本草光阴

中药文化养生日历

一月

14

农历十一月廿八

星期日

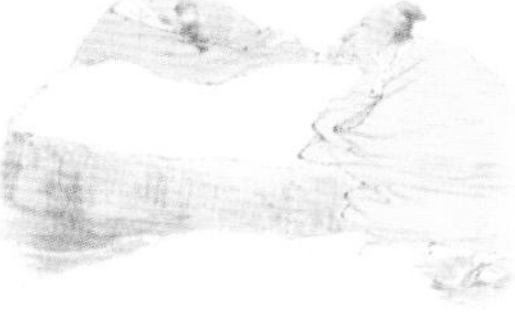

主产泰国、柬埔寨、越南等地，我国广东、广西、云南等地有栽培。

性 味：辛，温。

功 效：化湿行气，温中止呕，开胃消食。

一月

15

星期一

农历十一月廿九

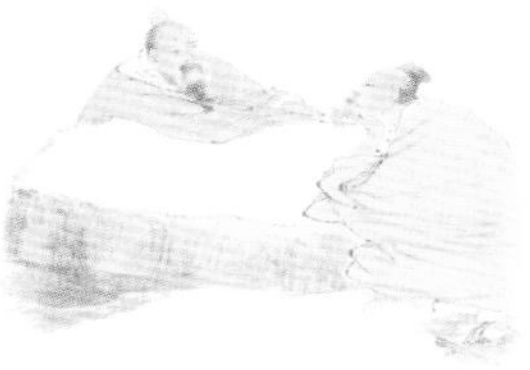

白豆蔻

Amomum kravanh

养生药膳

田鸡豆蔻粥

配 方: 白豆蔻 6 克,田鸡 2 只,粳米 60 克,调料适量。

制 作: 田鸡洗净切块;白豆蔻、粳米洗净;田鸡、粳米放入砂锅,加清水适量,旺火煮沸后,文火煮 1 小时;放入白豆蔻,稍煮一会儿,调味即可。

功 效: 温中止泻,行气化湿。

文化故事

《赠别》(唐)杜牧

娉娉袅袅十三余,豆蔻梢头二月初。
春风十里扬州路,卷上珠帘总不如。

一月

16

星期二

农历十一月三十

桑寄生

Taxillus chinensis

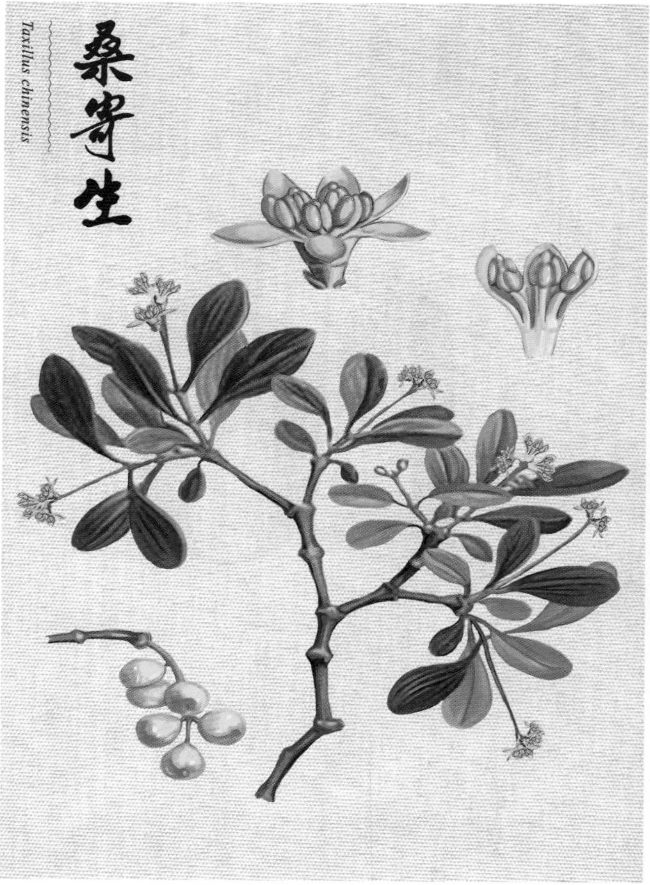

主产福建、广东、广西等地。以枝细质嫩、色红褐、叶未脱落者为佳。

性 味:苦、甘,平。

功 效:祛风湿,补肝肾,强筋骨,安胎元。

2018

本草光阴

农历丁酉年

中药养生文化日历

一月

17

星期三

农历十二月初一

Taxillus chinensis

桑寄生

养生药膳

桑寄生蛋茶

配 方: 桑寄生 80 克,鹌鹑蛋 8 只,红枣 8 粒,冰糖适量。

制 作: 鹌鹑蛋隔水蒸 15 分钟,放入冷水中浸泡,去壳备用。桑寄生放入砂锅,用火煮约 20 分钟,捞出;下红枣、鹌鹑蛋和冰糖,同煮 10 分钟即可。

功 效: 补肝肾,强筋骨,祛风湿。

文化故事

《本草诗·桑寄生》(清)赵瑾叔

寄生桑上果奇逢,梓木充来未许供。
血在下时能补益,腰当痛处为轻松。
管教牢固胎难堕,更使疏通乳不壅。
长却须眉坚齿发,肌肤充满有丰容。

2018

农历丁酉年

本草光阴

中药养生文化日历

一月

18

星期四

农历十二月初二

川楝子

Melia toosendan

主产甘肃、四川等地。以外皮金黄色、果肉淡黄色、饱满者为佳。

性 味:苦,寒。

功 效:疏肝泄热,行气止痛,杀虫疗癣。

2018

本草光阴

农历丁酉年

中药养生文化日历

一月

19

星期五

农历十二月初三

熟地黄

Rehmannia glutinosa

主产河南、山西等地。

性 味：甘，微温。

功 效：补血滋阴，益精填髓。

2018

本草光阴

农历丁酉年

中药养生文化日历

一月

20

星期六

农历十二月初四

大寒

大寒

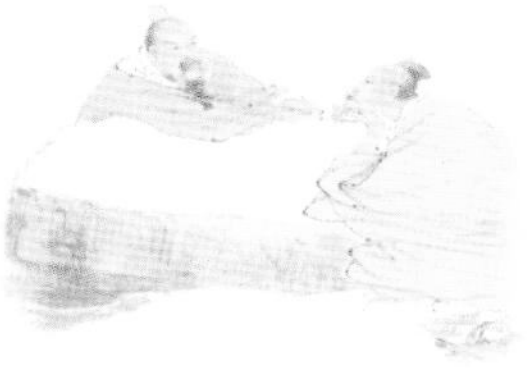

熟地黄

Rehmannia glutinosa

养生药膳

桃仁熟地粥

配　方：熟地10克，桃仁10克，大枣7枚，粳米100克，冰糖适量。

制　作：将桃仁、熟地洗净，装入纱布袋内扎口，放入锅内，加清水煎煮成汁；粳米洗净，放入锅内，加药汁、大枣熬煮至米熟，加入冰糖调味即可。

功　效：补血活血。

文化故事

种植于土壤，吸收土气，禀受土色，且外赤内黄、根色通黄，故得地黄之名；因汲取土壤精髓而具益精填髓之功，故又名地髓。

一月

21

星期日

农历十二月初五

远志

Polygala tenuifolia

主产山西、陕西等地。以条粗、肉厚、气味浓者为佳。

性 味:苦、辛,温。

功 效:安神益智,祛痰止咳,消散痈肿。

2018

本草光阴

农历丁酉年

中药养生文化日历

一月

22

星期一

农历十二月初六

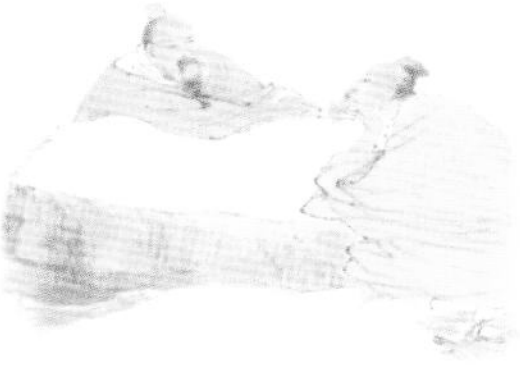

远志

Polygala tenuifolia

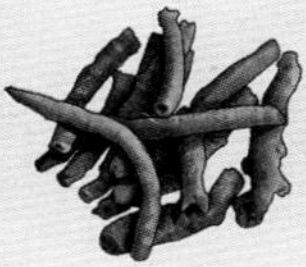

养生药膳

远志莲粉粥

配　方: 远志 10 克,莲子 15 克,粳米 50 克。

制　作: 将远志泡去心皮,与莲子均研磨为粉;将粳米放入砂锅中熬粥;粥熟后放入远志和莲子粉,再次煮沸即可食用。

功　效: 养心安神,益智强志。

文化故事

东晋大将桓温送大臣谢安中药远志,并说:"此物又名小草,为何称呼截然不同?"名士郝隆说:"处则为远志,出则为小草。"意即远志小草本一物,只是远志根在土中,小草生在地上。

2018

本草光阴

农历丁酉年

中药文化养生日历

一月

23

星期二

农历十二月初七

灵芝

Ganoderma lucidum

主产华东、西南、河北等地。以个大完整、菌盖厚、色紫红、有漆样光泽者为佳。

性 味:甘,平。

功 效:补气安神,止咳平喘。

2018

本草光阴

农历丁酉年

中药养生文化日历

一月

24

星期三

农历十二月初八

腊八节

灵芝

Ganoderma lucidum

养生药膳

糯米灵芝粥

配　方：糯米、灵芝各 50 克，小麦 60 克，白砂糖 30 克。

制　作：将糯米、小麦、灵芝洗净；将灵芝切块，用纱布包好，放入砂锅内，加水适量；用文火煮至糯米、小麦熟透，加入白砂糖即可。

功　效：养心安神，益肾补虚。

文化故事

《寄天台道士》（唐）孟浩然

海上求仙客，三山望几时。
焚香宿华顶，裛露采灵芝。
屡蹑莓苔滑，将寻汗漫期。
倘因松子去，长与世人辞。

2018

本草光阴

农历丁酉年

中药养生
文化日历

一月

25

星期四

农历十二月初九

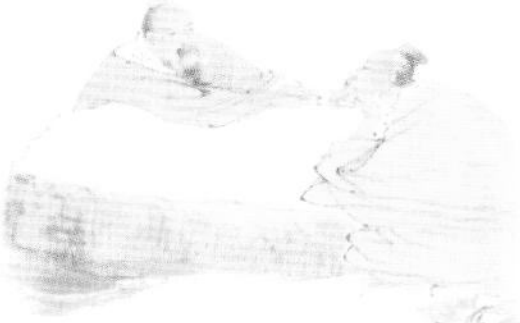

钩藤

Uncaria rhynchophylla

主产广西、广东等地。以双钩、茎细钩结实、光滑、色红棕者为佳。

性 味：甘，凉。

功 效：息风定惊，清热平肝。

一月

26

星期五

农历十二月初十

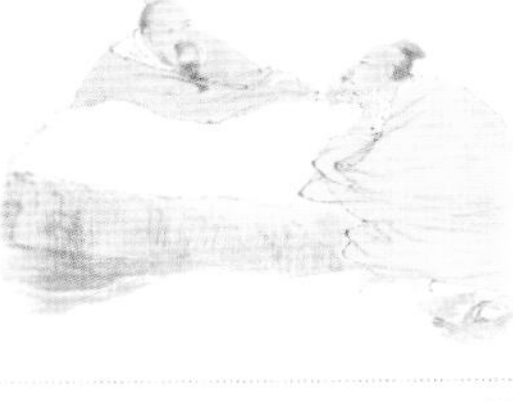

钩藤

Uncaria rhynchophylla

养生药膳

钩藤菊花饮

配 方：钩藤 15 克，白菊花 30 克，冰糖 20 克。

制 作：钩藤、白菊花洗净；锅中加水 500 毫升煮沸后，放入钩藤、白菊花，小火再煎煮 10 分钟，加入冰糖，煮至冰糖融化后即可。

功 效：清肝火，平肝阳。

文化故事

叶腋处有弯钩，以带钩茎枝入药，故名钩藤。《红楼梦》记载：薛姨妈被夏金桂气得左肋疼痛，服用钩藤后肝气平复，疼痛缓解。

一月

27

农历十二月十一

星期六

主产河南、河北、山东等地。以肉厚、皮细者为佳。

性　味:苦、甘、酸,平。

功　效:活血通经,补益肝肾,强壮筋骨,利水通淋,引血(火)下行。

2018

本草光阴

农历丁酉年

中药养生文化日历

一月

28

星期日

农历十二月十二

牛膝

Achyranthes bidentata

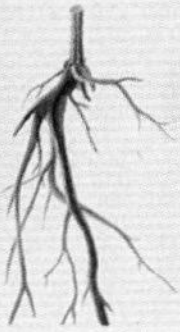

养生药膳

牛膝蹄筋

配　方: 怀牛膝 10 克,蹄筋 100 克,鸡肉 500 克,火腿 50 克,蘑菇 25 克,葱 15 克,姜 10 克,调料适量。

制　作: 怀牛膝洗净切片;蹄筋上笼蒸约 4 小时,至酥软时取出;火腿肉、蘑菇切丝;蹄筋切段、鸡肉切片放入碗中;牛膝放在鸡肉上,火腿丝、蘑菇丝撒在周围,葱段、姜片放入碗中,上笼蒸约 3 小时,至蹄筋酥烂后即可。

功　效: 补肾强骨。

文化故事

牛膝茎节部膨大,似牛膝盖骨。陶弘景云:"其茎有节,似牛膝,故名。"其可补益肝肾,强膝健骨,功如其名。

一月

29

星期一

农历十二月十三

红景天

Rhodiola crenulata

主产西藏、四川等地。以粗大、气味浓厚者为佳。

性 味:甘、苦,平。

功 效:益气活血,通脉平喘。

一月

30

星期二

农历十二月十四

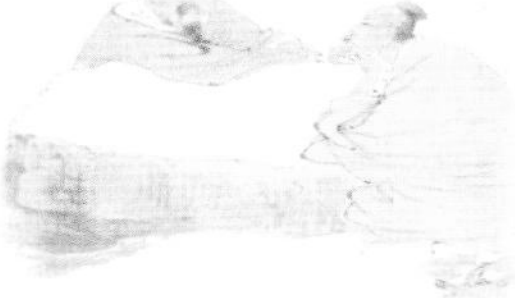

红景天

Rhodiola crenulata

养生药膳

红景天决明山楂饮

配 方: 红景天 6 克，决明子 15 克，山楂 15 克。

制 作: 红景天、决明子、山楂洗净，一同放入砂锅，加入适量清水，大火煮沸，小火熬煎 20 分钟，当茶饮用。

功 效: 补气活血，消积通便。

文化故事

康熙年间，西部叛乱不断，康熙御驾亲征。因环境恶劣，士兵力乏，屡屡战败。在饮用一药农用红景天浸泡的酒后体力大增，士气如虹，大败叛军。

一月

31

星期三

农历十二月十五

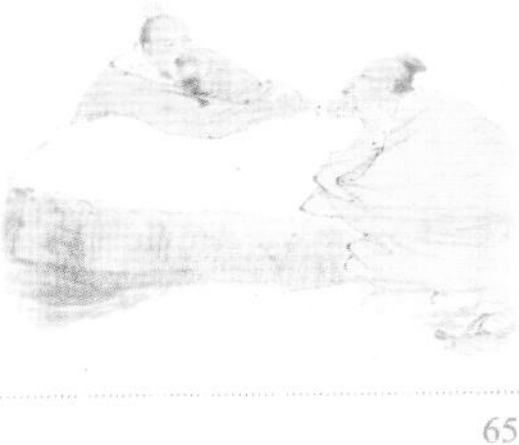

柴胡

Bupleurum chinense

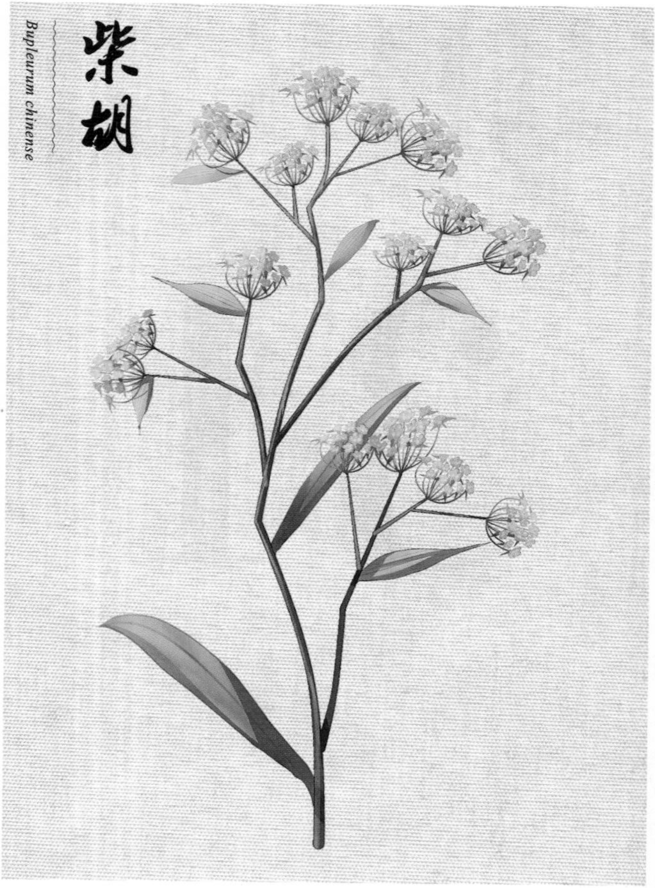

主产河北、辽宁等地。以条粗长、须根少者为佳。

性 味:辛、苦,微寒。

功 效:疏散退热,疏肝解郁,升举阳气。

二月

1

农历十二月十六

星期四

柴胡

Bupleurum chinense

养生药膳

柴胡猪肝汤

配　方: 柴胡 6 克,猪肝 200 克,枸杞 3 克,小葱、盐适量。

制　作: 柴胡洗净;加水煮沸,改小火煎煮 15 分钟,留汤汁备用;猪肝清洗切片,热水速氽汤备用;将葱段、枸杞、猪肝入汤液,大火煮开后,加盐调味即可。

功　效: 疏肝解郁,养肝明目。

文化故事

柴胡柔软者可食用,名“茹草”;干硬者用作柴烧,名之“柴草”。《本草纲目》:“茈胡生山中,嫩则可茹,老则采而为柴……根名柴胡也。”

2018

本草光阴

农历丁酉年

中药文化养生日历

二月

2

农历十二月十七

星期五

升麻

Cimicifuga foetida

主产四川、陕西等地。以个大质坚、外皮黑褐色、断面黄绿色、无须根者为佳。

性 味:辛、微甘,微寒。

功 效:发表透疹,清热解毒,升举阳气。

2018

本草光阴

农历丁酉年

中药养生文化日历

二月

3

星期六

农历十二月十八

辛夷花

Magnolia biondii

主产河南、湖北等地。以完整、内瓣紧密、油性足、香气浓者为佳。

性 味：辛，温。

功 效：散寒解表，宣通鼻窍。

2018

本草光阴

农历丁酉年

中药养生文化日历

二月

4

星期日

农历十二月十九

立春

立春

辛夷花

Magnolia biondii

养生药膳

辛夷猪肺汤

配　方：猪肺1个，辛夷花、生姜、老君须各适量。

制　作：猪肺洗净；诸药切细混匀，塞入肺管内，加水煎煮。

功　效：益肺疏风通窍。

文化故事

“夷者荑也”，辛夷的花苞初生时如同茅草嫩芽，古称其为“荑”。其味辛，故名辛夷；辛夷在早春开花，故名望春花；辛夷以花蕾入药，形如毛笔，故名木笔花。

二月

5

星期一

农历十二月二十

主产江苏、安徽等地。以色深绿、气味浓者为佳。

性 味：辛，凉。

功 效：疏散风热，清利头目，利咽透疹，疏肝解郁。

2018

农历丁酉年

本草光阴

中药养生文化日历

二月

6

星期二

农历十二月廿一

薄荷

Mentha haplocalyx

养生药膳

薄荷糖

配　方：薄荷粉30克，白糖500克，植物油少许。

制　作：白糖放入锅内加水，用文火熬稠；加薄荷粉调匀，熬至糖液呈丝状；倒入装有植物油的盘内，稍凉，切块即可。

功　效：清利咽喉。

文化故事

《本草诗》（清）赵瑾叔

薄荷苏产甚芳菲，咬鼠花猫最失威。

泄热驱风清面目，鲜脱发汗转枢机。

种分龙脑根偏异，叶似金钱力岂微。

症见伤寒和蜜擦，管教舌上去苔衣。

二月

7

星期三

农历十二月廿二

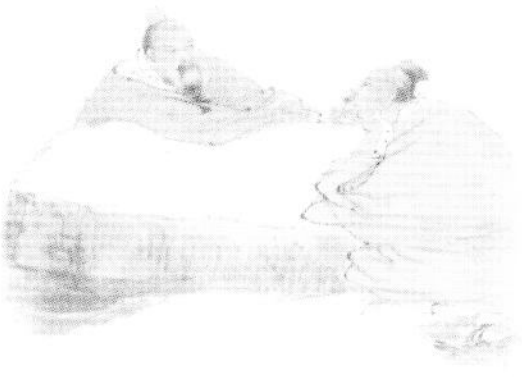

主产浙江、安徽、陕西等地。

性 味:辛,温。

功 效:行气止痛,温肾散寒。

二月

8

星期四

农历十二月廿三

小年

乌药

Lindera aggregata

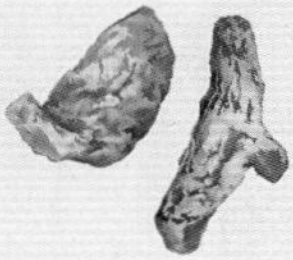

养生药膳

乌药羊肉汤

配 方: 乌药 10 克,羊肉 100 克,高良姜 10 克,白芍 25 克,香附 8 克,调料适量。

制 作: 将以上药物研末,装入纱布中,放入砂锅;羊肉洗净,切块,入锅,加水适量,先大火煮沸,改小火慢炖至羊肉烂熟时,加入调料即可。

功 效: 温补脾肾,散寒止痛。

文化故事

其根色黑褐,形似车毂,状如山芍药根,故名乌药。常以浙江天台山产者为佳,故又名天台乌药,简称台乌药。

二月

9

星期五

农历十二月廿四

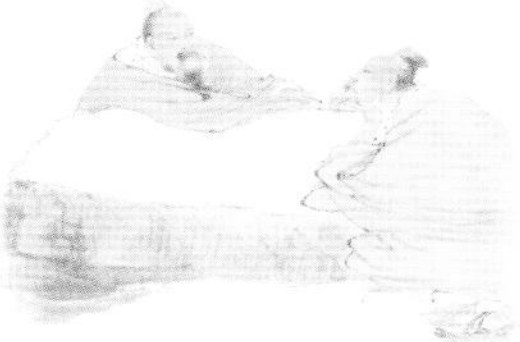

骨碎补

Drynaria fortunei

主产湖北、浙江等地。

性 味：苦，温。

功 效：活血疗伤，续筋接骨，温补肾阳。

2018

本草光阴

农历丁酉年

中药养生文化日历

二月

10

星期六

农历十二月廿五

骨碎补

Drynaria fortunei

养生药膳

骨碎补猪腰汤

配 方：骨碎补12克，猪腰1个，调料适量。

制 作：骨碎补砸碎；猪腰洗净，切开，剔去中间筋膜；骨碎补纳入猪腰内，用线扎紧，放进砂锅加水武火煲沸后，文火煲约2小时，调味即可。

功 效：补肾强骨，续折疗伤。

文化故事

后唐明宗外出围猎，宠妃惊吓摔伤，筋伤骨折。卫士取出草药，捣烂敷之，血痛立止；次又断骨接续而愈。皇帝特命名药为“骨碎补”。

二月

11

星期日

农历十二月廿六

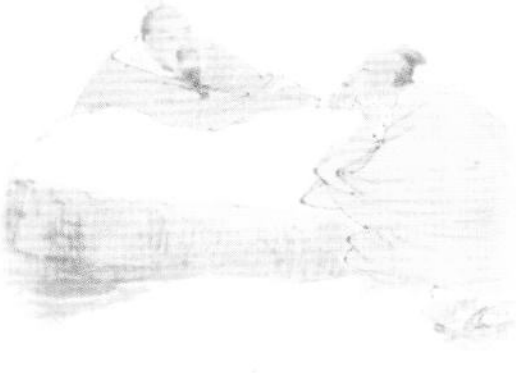

何首乌

Polygonum multiflorum

主产河南、湖北等地。以质坚实、断面显云锦花纹、粉性足者为佳。

性　味:苦、甘、涩,微温。

功　效:(制)补肝肾,益精血,乌须发,强筋骨。

(生)解毒截疟,润肠通便,祛风止痒。

二月

12

星期一

农历十二月廿七

何首乌

Polygonum multiflorum

养生药膳

何首乌煨鸡

配　方: 何首乌30克,母鸡1只,食盐、生姜、料酒各适量。

制　作: 将何首乌研成细末,备用;将母鸡宰杀后去毛及内脏,洗净;用布包何首乌粉,放入鸡腹内;将鸡放入瓦锅内,加水适量,煨熟;从鸡腹内取出何首乌袋,加食盐、生姜、料酒适量即可。

功　效: 滋阴补血,益精填髓。

文化故事

李翱《何首乌传》:有一老叟姓何,因服此药而长命百岁且头发乌黑。首,指代发须。何首乌功能补肝肾,益精血,长服强身健体,养血乌发,故名。

二月

13

星期二

农历十二月廿八

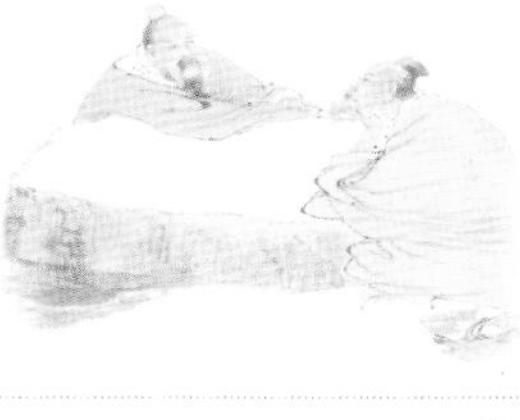

玫瑰花

Rosa rugosa

全国各地均有栽培。以花朵大、完整、瓣厚、色紫、色泽鲜、香气浓者为佳。

性　味：甘、微苦，温。

功　效：疏肝解郁，活血止痛。

2018

本草光阴

农历丁酉年

中药文化养生日历

二月

星期三

14

农历十二月廿九

情人节

玫瑰花

Rosa rugosa

养生药膳

玫瑰樱桃粥

配 方：红玫瑰30克，樱桃30克，粳米150克，冰糖15克。

制 法：将玫瑰、樱桃、粳米同放锅内，加清水800毫升，置武火烧沸，再用文火煮35分钟，加入冰糖即可。

功 效：理气解郁。

文化故事

《玫瑰》（唐）唐彦谦

麝炷腾清燎，鲛纱覆绿蒙。
宫妆临晓日，锦段落东风。
无力春烟里，多愁暮雨中。
不知何事意，深浅两般红。

2018

本草光阴

农历丁酉年

中药养生文化日历

二月

15

星期四

农历十二月三十

除夕

香附

Cyperus rotundus

主产山东、浙江等地。

性 味：辛、微苦、微甘，平。

功 效：疏肝解郁，理气宽中，调经止痛。

2018

农历戊戌年

二月

16

星期五

农历一月初一

春节

香附

Cyperus rotundus

养生药膳

香附炖乌鸡

配　方:香附 10 克,乌鸡 1 只,料酒、姜等适量。

制　作:香附、乌鸡、料酒、姜、葱同放炖锅内,加水置武火烧沸,再用文火炖煮 30 分钟,加入盐、味精调味即可。

功　效:疏肝理气,调经止痛。

文化故事

《本草诗·香附》(清)赵瑾叔

雀头香可达封函,香附连根未许芟。

气病总司权实重,女客主帅品非凡。

渔翁胃雨堪为笠,孝子垂绫好作衫。

人乳童尿和酒醋,由来西制必用盐。

2018

本草光阴

农历戊戌年

中药养生文化日历

二月

17

农历一月初二

星期六

枳实

Citrus aurantium

主产江西、四川、湖北等地。

性 味:苦、辛、酸,微寒。

功 效:破气消积,化痰除痞。

2018

农历戊戌年

本草光阴

中药文化养生日历

二月

18

星期日

农历一月初三

白芷

Angelica dahurica

主产浙江、四川。以条粗壮、体重、粉性足、香气浓郁者为佳。

性 味:辛,温。

功 效:解表散寒,祛风止痛,宣通鼻窍,燥湿止带,消肿排脓。

二月

19

星期一

农历一月初四

雨水

白芷

Angelica dahurica

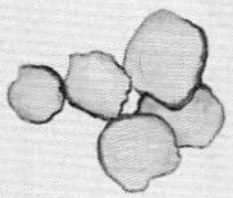

养生药膳

白芷炖冬瓜

配　方： 白芷 15 克，冬瓜 300 克，瘦猪肉 250 克，调料适量。

制　作： 冬瓜洗净切块；瘦猪肉洗净切块；将上味和料酒同放炖锅内，加水，置武火烧沸，再用文火炖煮 30 分钟，加入盐、味精等调味即可。

功　效： 祛湿排脓，美白润肤。

文化故事

苏轼在杭州时，结交一位老和尚。一次，他去寺庙，途中感受风寒而感冒，头痛、鼻塞。老和尚托人带来白芷，东坡服后霍然而愈。

二月

20

星期二

农历一月初五

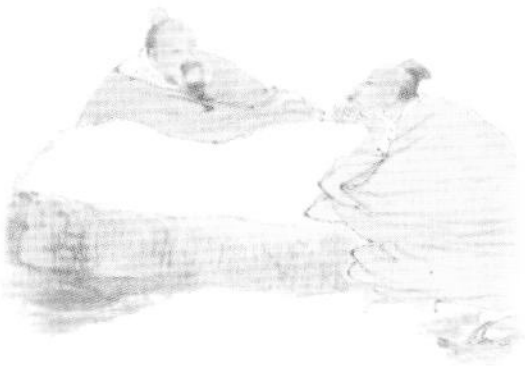

主产浙江、四川、广西等地。

性 味:辛、苦,寒。

功 效:活血止痛,行气解郁,清心凉血,利胆退黄。

2018

本草光阴

农历戊戌年

中药养生文化日历

二月

21

农历一月初六

星期三

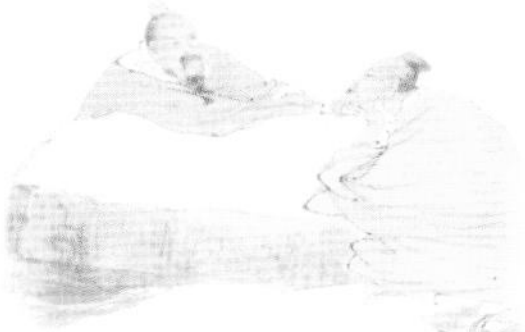

郁金

Curcuma kwangsiensis

养生药膳

青果郁金蜂蜜膏

配　方: 鲜青果500克,郁金250克,明矾粉100克,白僵蚕100克,蜂蜜适量。

制　作: 青果、郁金加水1000毫升放入砂锅内小火煎煮1小时后取出药汁,再加水500毫升煎取药汁,两次药汁合并,用文火浓缩至500毫升,加明矾、僵蚕粉剂、蜂蜜收膏即成。

功　效: 息风止痉,化痰散结。

文化故事

《本草诗·郁金》(清)赵瑾叔

肺郁能开性自恬,西川物罕价难廉。

生肌更使疼俱定,止血还教火不炎。

透处折来光欲彻,苦中尝出味偏甜。

芬芳自是多条鬯,玉瓒黄流酒可添。

2018

本草光阴

农历戊戌年

中药养生文化日历

二月

22

星期四

农历一月初七

荆芥

Schizonepeta tenuifolia

主产河北、江苏等地。以色黄绿、穗密而长、气味浓者为佳。

性　味:辛,微温。

功　效:祛风解表,透疹消疮,止血。

2018

本草光阴

农历戊戌年

中药养生文化日历

二月

23

星期五

农历一月初八

荆芥

Schizonepeta tenuifolia

养生药膳

荆芥葱头拌木耳

配　方：荆芥300克，葱头100克，黑木耳50克。

制　作：荆芥洗净备用；黑木耳泡水洗净；葱头去皮、根，洗净，切丝；荆芥、木耳、葱头放一起加盐、醋、鸡精、香油拌匀即可。

功　效：发散解表。

文化故事

《本草诗·荆芥》（清）赵瑾叔

荆防入药本相须，更喜辛香作野疏。
鱼蟹河豚妨食物，举乡古拜隐方书。
皮膜里外风皆去，头首高巅热可除。
一捻千金真不易，管教疮疥净无余。

2018

本草光阴

农历戊戌年

中药文化养生日历

二月

24

农历一月初九

星期六

羌活

Notopterygium incisum

主产四川、青海等地。以外皮棕褐色、断面朱砂点多、香气浓郁者为佳。

性 味:辛、苦,温。

功 效:解表散寒,胜湿止痛。

2018

本草光阴

中药养生文化日历

农历戊戌年

二月

25

星期日

农历一月初十

羌活

Notopterygium incisum

养生药膳

羌活酒

配　方：羌活 45 克，防风 30 克，黑豆 10 克，白酒 500 毫升。

制　作：将前两味捣碎，与黑豆一并置容器中，加入白酒，密封，候沸，浸泡一宿后，过滤去渣，即成。

功　效：祛风散寒，除湿止痛。

文化故事

羌活的道地药材产地为西南四川地区，是羌族的主要聚居地。此外，其功能祛风散寒，除湿止痛，疏利关节，使得关节活络，故名羌活。

2018

本草光阴

农历戊戌年

中药文化养生日历

二月

26

农历一月十一

星期一

白芍

Paeonia lactiflora

主产浙江、安徽、四川等地。以根粗、坚实、无白心或裂隙者为佳。

性 味：苦、酸，微寒。

功 效：养血调经，敛阴止汗，柔肝止痛，平抑肝阳。

2018

本草光阴

农历戊戌年

中药养生
文化日历

二月

27

星期二

农历一月十二

Paeonia lactiflora

白芍

养生药膳

白芍荠菜猪肝汤

配 方: 白芍30克,荠菜500克,猪肝200克,调料适量。

制 作: 荠菜、白芍洗净;猪肝切片,放入锅内煮沸,撇去浮沫,用胡椒粉、味精调味;放入荠菜、白芍,起锅淋上鸡油即可。

功 效: 养肝补血。

文化故事

《芍药》(唐)韩愈

浩态狂香昔未逢,
红灯烁烁绿盘笼。
觉来独对情惊恐,
身在仙宫第几重。

2018

本草光阴

农历戊戌年

中药养生文化日历

二月

28

星期三

农历一月十三

全国各地均产。以色绿、质嫩者为佳。

性 味:苦,微寒。

功 效:利尿通淋,杀虫,止痒。

2018

本草光阴

农历戊戌年

中药养生文化日历

三月

1

农历一月十四

星期四

萹蓄

Polygonum aviculare

养生药膳

凉拌萹蓄

配　方：萹蓄嫩叶 250 克，精盐、味精、酱油、蒜泥、麻油各适量。

制　作：萹蓄洗净，入沸水锅内焯一下，放入盘内，加入精盐、味精、酱油、蒜泥、麻油，拌匀即可。

功　效：清热利尿。

文化故事

萹蓄矮小却繁茂，叶片似竹叶，茎上有节，故又名“竹”，别名“扁竹草”。它是守正持节的象征，古人常用它繁盛的姿态来赞美君王。

2018

本草光阴

农历戊戌年

中药养生文化日历

三月

2

农历一月十五

星期五

元宵节

金钱草

Lysimachia christinae

主产四川、浙江等地。以色绿、叶多、大而完整、须根少者为佳。

性 味:甘、咸,微寒。

功 效:利湿退黄,利尿通淋,解毒消肿。

2018

农历戊戌年

本草光阴

中药文化养生日历

三月

3

星期六

农历一月十六

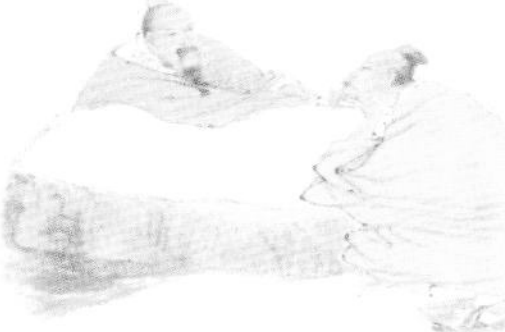

金钱草

Lysimachia christinae

养生药膳

金钱草蜂蜜饮

配　方:金钱草 20 克,车前草 20 克,蜂蜜 50 克。

制　作:将金钱草、车前草放入砂锅,加水 1000 毫升,先用武火烧沸,再用文火煎煮 25 分钟,过滤,在滤液内加蜂蜜烧沸即成。

功　效:清热解毒,利水通便。

文化故事

此草叶圆如铜钱,蔓生于路边野地,每于立夏时开黄色小花,故名金钱草。此外,其具有疏利胆道、退黄排石的功效,故又名神仙对坐草。

2018

本草光阴

农历戊戌年

中药文化养生日历

三月

星期日

4

农历二月十七

金银花

Lonicera japonica

主产山东、河南等地。以花未开放、花蕾肥壮、色泽青绿微白、气清香者为佳。

性 味:甘、辛、苦,寒。

功 效:清热解毒,疏散风热。

2018

本草光阴

农历戊戌年

中药养生文化日历

三月

5

星期一

农历一月十八

惊蛰

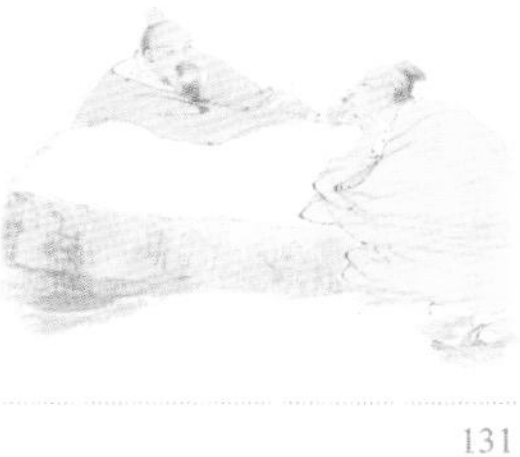

金银花

Lonicera japonica

养生药膳

金银瓜条

配 方:金银花 10 克,黄瓜 100 克,盐、味精适量。

制 作:金银花洗净后用炖锅煮 15 分钟;瓜条用盐、味精拌匀;在瓜条上加入金银花汁和金银花即可。

功 效:清热解毒。

文化故事

金银花初开时蕊瓣色白,经二三日,其色变黄。新旧相参,黄白相映,故呼金银花,也叫二宝花、双花。其叶凌冬不凋,故又名忍冬花。

三月

6

星期二

农历一月十九

夜交藤

Polygonum multiflorum

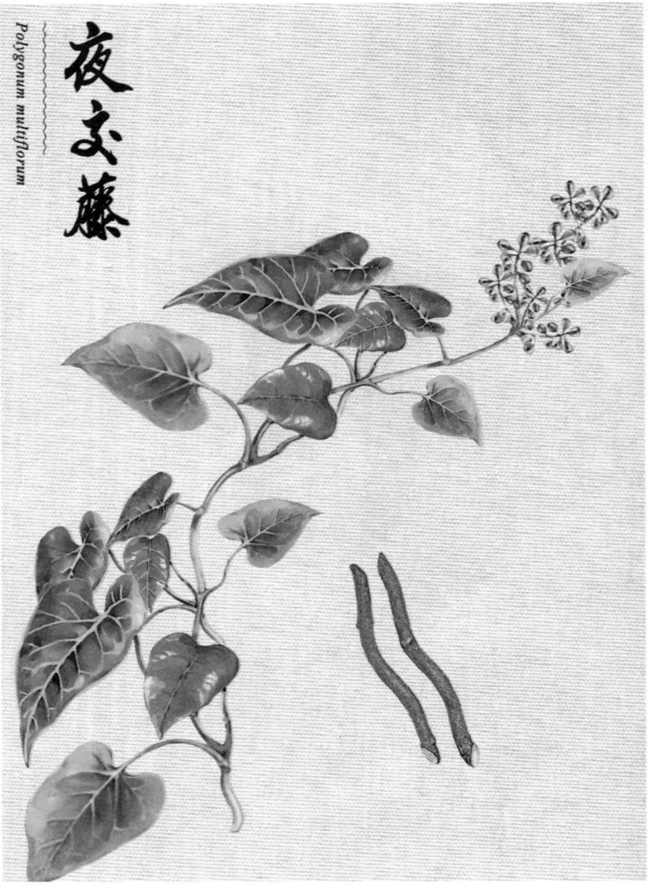

主产河南、湖南、湖北等地。

性 味:甘,平。

功 效:养血安神,祛风通络。

2018

本草光阴

农历戊戌年

中药养生文化日历

三月

7

星期三

农历一月二十

夜交藤

Polygonum multiflorum

养生药膳

夜交藤粥

配　方: 夜交藤 60 克,粳米 50 克,大枣 2 枚,白糖适量。

制　作: 夜交藤洗净,放入砂锅,加水煎煮,去渣取汁;粳米、大枣放入药汁,煮至粥稠,白糖调味即可。

功　效: 养血安神,祛风通络。

文化故事

夜交藤为何首乌的藤秧,多生两根。白天往相反方向生长,到了夜里,便逐渐靠拢,相互缠绕,如胶似漆,随风抖动,故名。

三月

8

星期四

农历一月廿一

妇女节

血竭

Daemonorops draco

主产印度、马来西亚、伊朗等国。

性 味:甘、咸,平。

功 效:活血定痛,化瘀止血,生肌敛疮。

2018

本草光阴

农历戊戌年

中药养生文化日历

三月

9

农历一月廿二

星期五

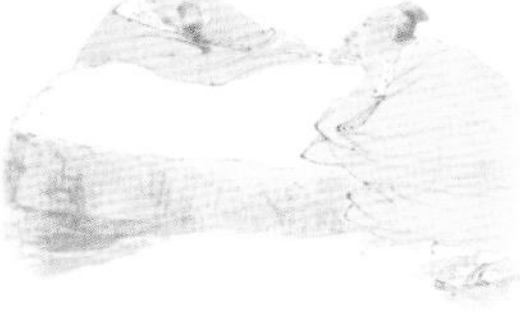

Daemonorops draco

血竭

养生药膳

鸽子血竭汤

配　方：血竭 30 克，鸽子 1 只，调料适量。

制　作：鸽子去毛、去内脏，洗净；血竭研末，放入鸽子肚中，用线缝好；鸽子放入砂锅中，加水，放入葱、姜、酒等调料煮烂，调味即可。

功　效：活血祛瘀，理气止痛。

文化故事

药用果实及树干渗出的树脂，脂液从木中流出，滴下如胶饴状，久而坚凝乃成竭，赤作血色，故谓血竭。其功卓著，价值连城，故又名麒麟竭。

2018

本草光阴

农历戊戌年

中药养生文化日历

三月

10

农历一月廿三

星期六

蒲公英

Taraxacum mongolicum

全国广布。

性 味:苦、甘,寒。

功 效:清热解毒,消肿散结,利尿通淋。

2018

本草光阴

农历戊戌年

中药文化养生日历

三月

星期日

11

农历一月廿四

蒲公英

Taraxacum mongolicum

养生药膳

凉拌蒲公英

配　方：蒲公英100克，莴笋150克，葱3克，调料适量。

制　作：蒲公英洗净，入沸水烫熟，放入凉水；莴笋去皮洗净切薄片；蒲公英、莴笋放入碗内，加盐、葱花、味精、芝麻油拌匀即成。

功　效：清热解毒。

文化故事

《千金方》记载：孙思邈因不慎左手指背触及着庭木而“痛而不忍”，十日后剧之，且“色如熟小豆色”，后用蒲公英外敷、内服而愈。

三月

12

星期一

农历一月廿五

植树节

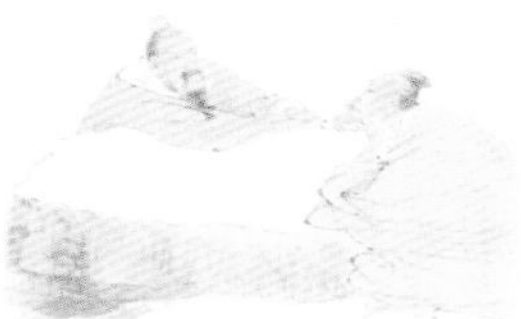

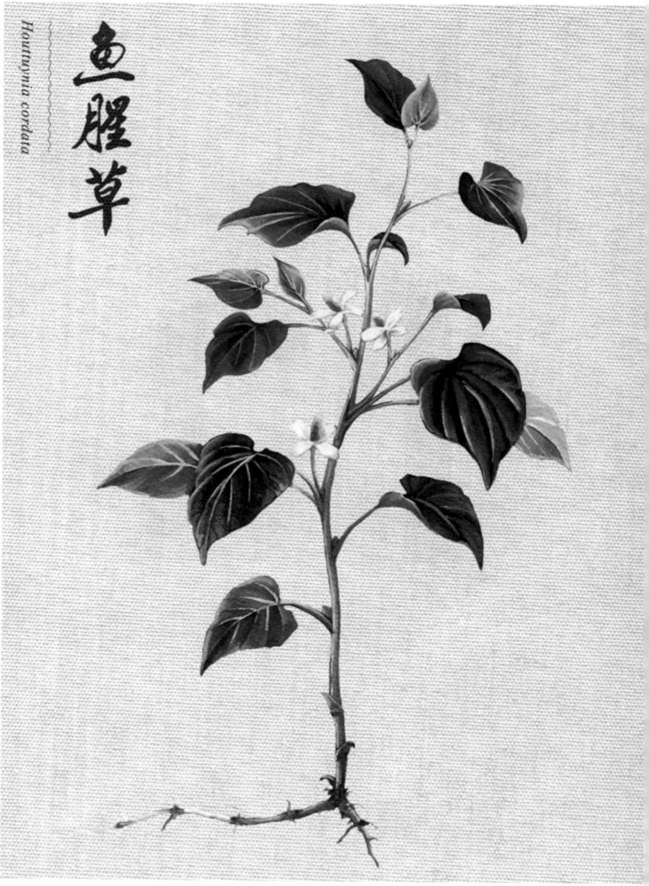

主产江苏、浙江。

性 味:辛,微寒。

功 效:清热解毒,消痈排脓,利尿通淋。

2018

农历戊戌年

本草光阴

中药文化养生日历

三月

星期二

13

农历一月廿六

鱼腥草

Houttuynia cordata

养生药膳

凉拌折耳根

配　方：鱼腥草 500 克，调料适量。

制　作：将新鲜鱼腥草根洗净，掐成小段，撒上食盐；放入醋、酱油、糖、芝麻油、味精，搅拌均匀，即可食用。

功　效：清热解毒，消痈排脓。

文化故事

此草因有鱼腥之味而得名，古称蕺，别名倒耳根、折耳根。越王勾践战败后，曾在蕺山卧薪尝胆，上山采蕺为食，后由弱变强，打败了吴。

2018

农 历 戊 戌 年

本草光阴

中药养生文化日历

三月

14

星期三

农历一月廿七

牛蒡子

Arctium lappa

主产东北、浙江等地。以粒大、饱满、色灰褐者为佳。

性 味：辛、苦，寒。

功 效：疏散风热，宣肺透疹，解毒利咽。

2018

本草光阴

农历戊戌年

中药文化养生日历

三月

15

农历一月廿八

星期四

牛蒡子

Arctium lappa

养生药膳

牛菊枇芦粥

配 方：牛蒡子 9 克，菊花 6 克，枇杷、鲜芦根各 10 克，粳米 100 克。

制 作：以上各药装入纱布袋扎口，粳米洗净；纱布袋放入锅内加水煎煮药汁，去药袋，再倒入粳米，加清水适量烧沸，再用文火熬粥即可。

功 效：祛风清热，化痰止咳。

文化故事

《本草诗·牛蒡》（清）赵瑾叔

鼠粘牛蒡号重重，恶实何须百美容。
调散咽喉关尽启，煎汤腰膝气俱松。
斑除风热随消疹，毒发痈疽便出脓。
十月采根充菜食，叶茎酿就酒犹浓。

2018

本草光阴

农历戊戌年

中药文化 养生日历

三月

16

农历一月廿九

星期五

木瓜

Chaenomeles speciosa

主产安徽、湖北。以质坚实、肉厚、色紫红、味酸者为佳。

性　味：酸，温。

功　效：舒筋活络，和胃化湿。

2018

本草光阴

农历戊戌年

中药文化养生日历

三月

17

星期六

农历二月初一

木瓜

Chaenomeles speciosa

养生药膳

木瓜羊肉汤

配　方：木瓜、羊肉各1000克，草果3克，豌豆300克，粳米500克，白糖200克，食盐、味精、胡椒面各适量。

制　作：羊肉洗净切块放入锅内，加入粳米、草果、豌豆、木瓜汁，再加水适量，先置武火上烧沸，后改用文火炖之，肉熟后放入调味料即成。

功　效：健脾除湿。

文化故事

《题蜀果图四首·木瓜》（宋）范成大

沈沈黛色浓，糁糁金沙绚。

却笑宣州房，竞作红妆面。

2018

农历戊戌年

本草光阴

中药养生文化日历

三月

18

星期日

农历二月初二

五加皮

Acanthopanax gracilistylus

主产湖北、安徽等地。

性 味:辛、苦,温。

功 效:祛风湿,补肝肾,强筋骨,利水。

2018

本草光阴

农历戊戌年

中药养生文化日历

三月

19

星期一

农历二月初三

五加皮

Acanthopanax gracilistylus

养生药膳

五加皮酒

配　方：五加皮50克，当归45克，牛膝75克，高粱米酒1000毫升。

制　作：先将五加皮洗净，刮去骨；与当归、牛膝一起放入砂锅内同煎40分钟，然后去渣取汁，兑入高粱米酒中。

功　效：祛风除湿，强腰壮骨。

文化故事

五加皮原植物是一种丛生灌木，叶为掌状复叶，小叶五片，总体呈现“五叶交加”的植物形态，其以根皮为主要药用部位，故名五加皮。

三月

20

农历二月初四

星期二

Dioscorea opposita

山药

主产河南、河北等地。以条长、体粗、质坚实、粉性足、色洁白者为佳。

性　味:甘,平。

功　效:补脾养胃,生津益肺,补肾涩精。

2018

本草光陰

农历戊戌年

中药养生文化日历

三月

21

星期三

农历二月初五

春分

春分

山药

Dioscorea opposita

养生药膳

山药包

配　方：鲜山药10克，茯苓粉10克，白扁豆粉10克，糖10克，面粉50克。

制　作：将山药、茯苓粉、白扁豆粉加水适量调糊状，蒸半个小时，加食用油少许、糖调馅，面粉发酵后，将上述馅包入面皮做成包子，蒸熟即可。

功　效：益气健脾除湿。

文化故事

《秋夜读书每以二鼓尽为节》（宋）陆游

腐儒碌碌叹无奇，独喜遗编不我欺。
白发无情侵老境，青灯有味似儿时。
高梧策策传寒意，叠鼓冬冬迫睡期。
秋夜渐长饥作祟，一杯山药进琼糜。

2018

本草光阴

农历戊戌年

中药文化养生日历

三月

22

农历二月初六

星期四

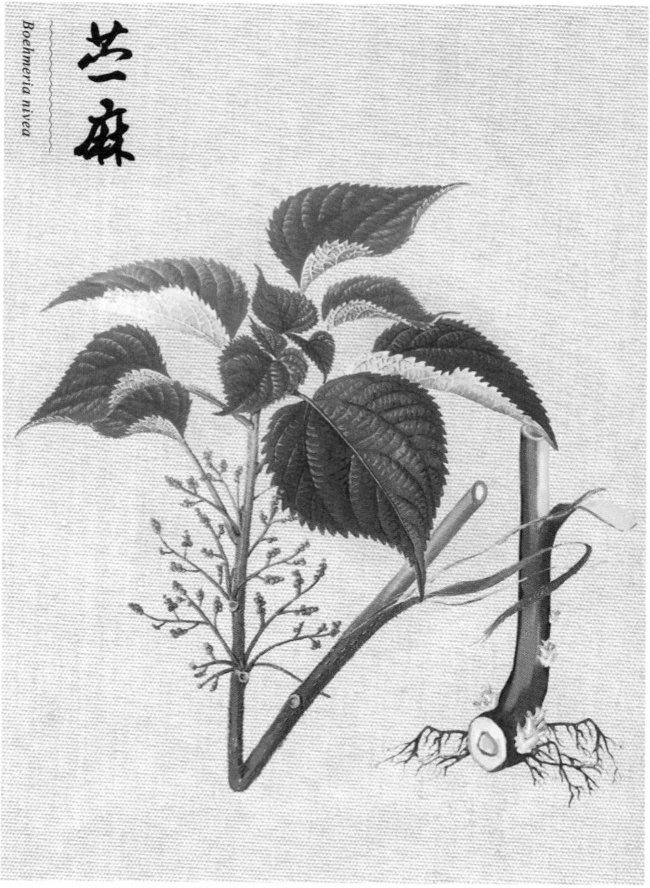

性 味:甘,寒。

功 效:清热解毒,安胎止血,安胎。

三月

23

农历二月初七

星期五

苎麻

Boehmeria nivea

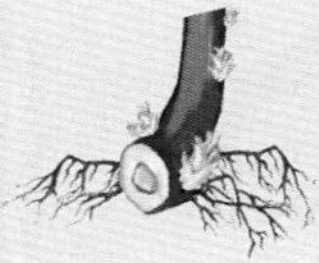

养生药膳

苎麻鲤鱼汤

配　方：苎麻根 50 克，鲤鱼 500 克，糯米 30 克，调料适量。

制　作：苎麻根加水煎煮 2 次，去渣取汤；糯米洗净，文火煲烂待用；鲤鱼洗净，武火快煎两面；将药液、糯米加入，熬至鱼肉煮熟即可。

功　效：清热安胎，凉血止血。

文化故事

苎麻茎皮细长，强韧洁白，光泽耐水，富有弹性，可纺成麻布，是最早的纺织材料之一。其叶面绿，叶背密生白色柔毛，故又名天地青白草。

2018

本草光阴

农历戊戌年

中药文化养生日历

三月

24

星期六

农历二月初八

密蒙花

Buddleia officinalis

主产西北、西南、中南等地。

性　味:甘,微寒。

功　效:清热泻火,明目退翳。

2018

农历戊戌年

本草光阴

中药养生文化日历

三月

25

星期日

农历二月初九

密蒙花

Buddleia officinalis

养生药膳

密蒙花糯米饭

配　方：密蒙花 10 克，糯米 500 克。

制　作：密蒙花入沸水煮 5 分钟，滤汁备用；糯米倒入滤后的药水浸泡 5~6 小时，控干水分，放入蒸笼内，蒸 1 小时左右，糯米蒸熟即可。

功　效：养肝明目。

文化故事

花开细碎，数十房紧密拥簇成一朵，故称密蒙花。李时珍曰："其花繁密蒙茸如簇锦，故名。"民间有密蒙花染饭的习俗，故又名染饭花。

2018

农历戊戌年

本草光阴

中药文化养生日历

三月

26

星期一

农历二月初十

青葙子

C. argentea

全国大部分地区均有。

性 味:苦,微寒。

功 效:清肝泻火,明目退翳。

2018

本草光阴

农历戊戌年

中药文化养生日历

三月

27

星期二

农历二月十一

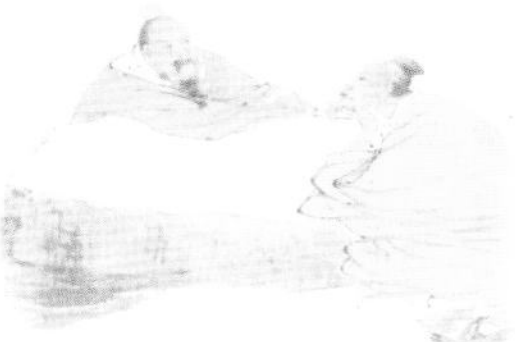

C. argentea

青葙子

养生药膳

青葙子鱼片汤

配 方: 青葙子 3 克,鱼肉 40 克,豆腐 250 克,调料适量。

制 作: 青葙子洗净放入砂锅内,加水适量,文火煎 2 次,取汁;鱼切片放碗内加少量汤汁搅和,下锅内,并下入豆腐,煮熟调味即可。

功 效: 清肝明目。

文化故事

《芜湖过繁昌旅舍萧然偶书》(南宋)熊禾

竹窗渐白卷寒衾,上巳才过节物深。
野杏出篱明望眼,萋蒿满地蔼愁心。
已知赋分多行役,焉用诗鸣得赏音。
春在江山无限好,缓驱羸马度烟林。

三月

28

星期三

农历二月十二

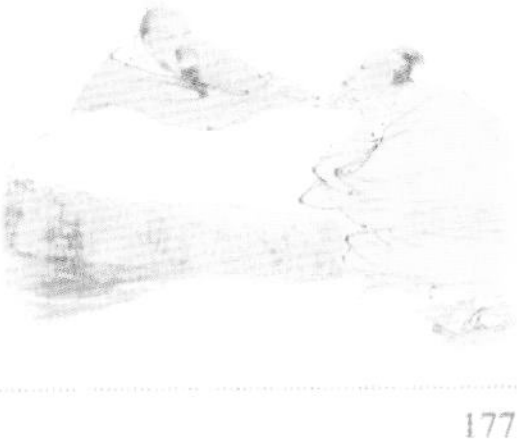

蔓荆子

Vitex trifolia

主产山东、江西等地。以粒大、饱满、具灰白色粉霜、气辛香者为佳。

性 味:辛、苦,微寒。

功 效:疏散风热,清利头目。

2018

农历戊戌年

本草光阴

中药养生文化日历

三月

29

星期四

农历二月十三

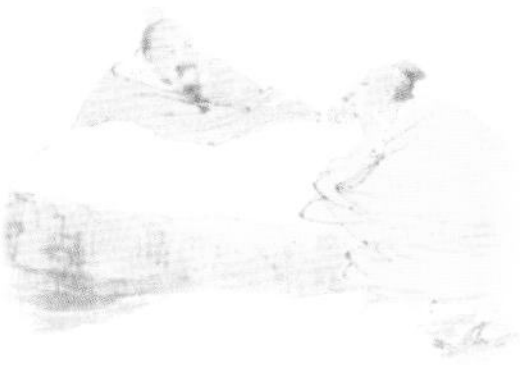

蔓荆子

Vitex trifolia

养生药膳

蔓荆子烩面

配　方: 蔓荆子 3 克,猪肉 40 克,小墨鱼 1 条,鱼圆 20 克,绿芽菜 60 克,面条 125 克,葱、胡椒粉、猪油、酱油、精盐、味精各适当。

制　作: 蔓荆子加水适当,中火煎 1 小时,滤渣留汁备用;锅放旺火上,下肉丝、绿芽菜、墨鱼块、鱼圆片,加水适量,待汤煮开,放入面条,加蔓荆子汁,略煮后加葱段、精盐、味精,即成。

功　效: 祛风止痛。

文化故事

苏恭曰:"蔓荆苗蔓生,故名。"蔓荆茎枝向四周扩散生长,茎小如蔓,以成熟种子入药,故名蔓荆子。

2018

农历戊戌年

本草光阴

中药养生文化日历

三月

30

农历二月十四

星期五

茵陈

Artemisia scoparia

主产东北、河北等地。以质嫩绵软、色灰白、香气浓者为佳。

性 味:苦、辛,微寒。

功 效:清利湿热,利胆退黄。

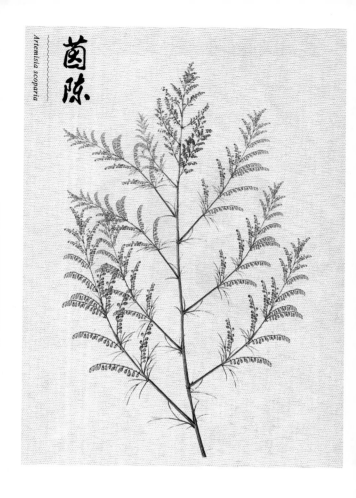

三月

31

星期六

农历二月十五

白芍

本草光阴

中药养生
文化日历

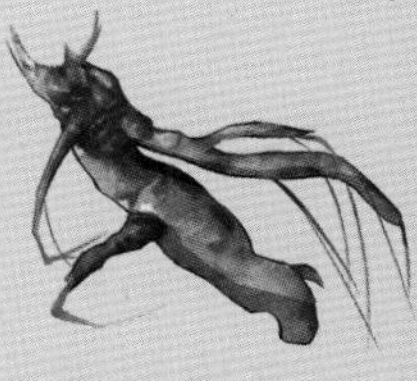

茵陈

Artemisia scoparia

养生药膳

茵陈蒿荷叶粥

配 方：茵陈25克，新鲜荷叶1张，粳米100克，白糖适量。

制 作：茵陈、荷叶洗净煎汤，取汁去渣，加入洗净的粳米同煮，待粥将熟时，放入白糖稍煮即可。

功 效：清热祛湿，利胆退黄。

文化故事

茵陈经冬不死，至春因陈根而生，故名因陈或茵陈。至夏其苗变为蒿，故亦称茵陈蒿，所谓的“三月茵陈四月蒿”。

2018

本草光阴

农历戊戌年

中药养生文化日历

四月

1

星期日

农历二月十六

愚人节

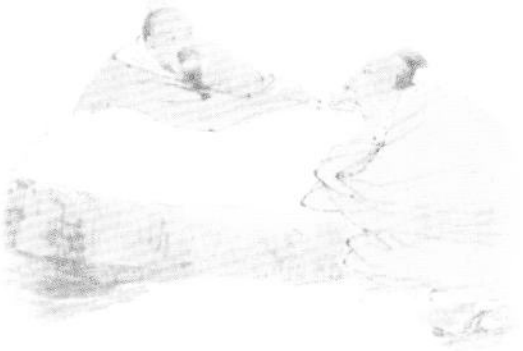

益智仁

Alpinia oxyphylla

主产广东、海南、广西等地。以粒大饱满、气味浓者为佳。

性 味：辛，温。

功 效：补肾固精缩尿，温脾止泻摄唾。

四月

2

农历二月十七

星期一

益智仁

Alpinia oxyphylla

养生药膳

益智仁鸭汤

配　方: 益智仁 5 克,白术 10 克,鸭肉 250 克,调料适量。

制　作: 鸭肉洗净切块;益智仁、白术洗净;锅内放油,放入鸭肉、葱、姜爆炒 5 分钟,再加入料酒翻炒 5 分钟;加水,入益智仁、白术,小火炖 3 小时,调味即可。

功　效: 补肾固精,健脾益气。

文化故事

《医学入门》记载:“益智仁,服之益人智慧,故名。”服之益智,药用果实内种子团,故名益智仁。

2018

本草光阴

农历戊戌年

中药养生文化日历

四月

3

农历二月十八

星期二

主产东北。以气味浓者为佳。

性 味：辛，温。

功 效：解表散寒，祛风止痛，宣通鼻窍，温肺化饮。

四月

4

农历二月十九

星期三

艾叶

Artemisia argyi

全国各地均产。以质柔软、香气浓者为佳。

性 味:辛、苦,温。

功 效:温经止血,散寒调经。

四月

5

星期四

农历二月二十

清明

艾叶

Artemisia argyi

养生药膳

艾叶炖猪肚

配 方:艾叶 15 克,猪肚 1 个(1000 克),料酒 10 克,姜 5 克,葱 10 克,盐 3 克,味精 2 克,鸡油 25 克。

制 作:将艾叶洗净,用 300 毫升水煮 25 分钟,收取汤液,待用;猪肚反复冲洗干净,切成 2 厘米宽、4 厘米长的块;姜拍松;葱切段。同放炖锅内,加水 3000 毫升,置武火上烧沸后再用文火炖煮 45 分钟即成。

功 效:温中安胎。

文化故事

传说唐朝名医孙思邈出诊时,看见有个小朋友把脚崴了,脚肿痛得很厉害,哇哇大哭。孙思邈将一种无名草嚼烂后糊在小朋友疼痛处,伤处很快就不痛了。孙思邈想,小朋友哭的时候哎哎的,就把这种草药叫"艾叶"。从此"艾叶"一直用到今天。

2018

农历戊戌年

本草光阴

中药养生文化日历

四月

6

星期五

农历二月廿一

白蒺藜

Tribulus terrestris

主产河南、河北、山东等地。以饱满、坚实、背部色黄绿者为佳。

性　味：辛、苦，平。

功　效：平抑肝阳，疏肝解郁，祛风止痒。

2018

农历戊戌年

本草光阴

中药养生文化日历

四月

7

星期六

农历二月廿二

白蒺藜

Tribulus terrestris

养生药膳

白蒺藜药酒

配　方：白蒺藜 1500 克，青稞 500 克。

制　作：白蒺藜 1000 克与青稞混合，加水煎煮，下曲发酵；再取白蒺藜 500 克，煎煮汤液，慢慢兑入上述发酵液中，密封贮存 6~8 日即可。

功　效：活血祛风。

文化故事

白蒺藜以成熟果实入药，其表面坚硬并长有锐刺。李时珍曰："蒺，疾也；藜，利也……其刺伤人，甚疾而利也。"故名"蒺藜"。

2018

本草光阴

农历戊戌年

中药养生 文化日历

四月

8

农历二月廿三

星期日

主产广东、四川等地。

性　味：辛、苦、酸，温。

功　效：疏肝理气，和胃止痛，燥湿化痰。

四月

9

星期一

农历二月廿四

佛手

Citrus medica

养生药膳

佛手玳花茶

配　方：佛手片 15 克，玳玳花 10 克，冰糖 50 克。

制　作：沸水冲泡代茶饮用。

功　效：疏肝解郁，理气和胃。

文化故事

佛手的果实在成熟时各心皮分离，形成细长弯曲的果瓣，状如手指，故名佛手。因其清香袭人，古人常将其置之几案，以供闻香赏玩。

四月

10

星期二

农历二月廿五

白花蛇舌草

Hedyotis diffusa

主产长江以南各省。以茎叶完整、色灰绿、带果实者为佳。

性 味:苦、甘,寒。

功 效:清热解毒,消痈排脓,利湿通淋。

2018

本草光阴

农历戊戌年

中药养生文化日历

四月

11

星期三

农历二月廿六

白花蛇舌草

Hedyotis diffusa

养生药膳

猴头蛇舌草汤

配 方： 猴头菇 50 克，藤梨根 50 克，白花蛇舌草 50 克，调料适量。

制 作： 猴头菇热水煮沸，减去根部，温水泡软；藤梨根、蛇舌草洗净；将以上 3 味一同放入锅中，加清水适量，煎煮 20 分钟，调味即可。

功 效： 清热解毒。

文化故事

每年 7—9 月，蛇舌草原植物开纯白色小花，其叶对生，呈线形至线状披针形，宛如蛇舌。因善治毒蛇咬伤，故名白花蛇舌草。

2018

本草光阴

农历戊戌年

中药养生文化日历

四月

星期四

12

农历二月廿七

紫苏叶

Perilla frutescens

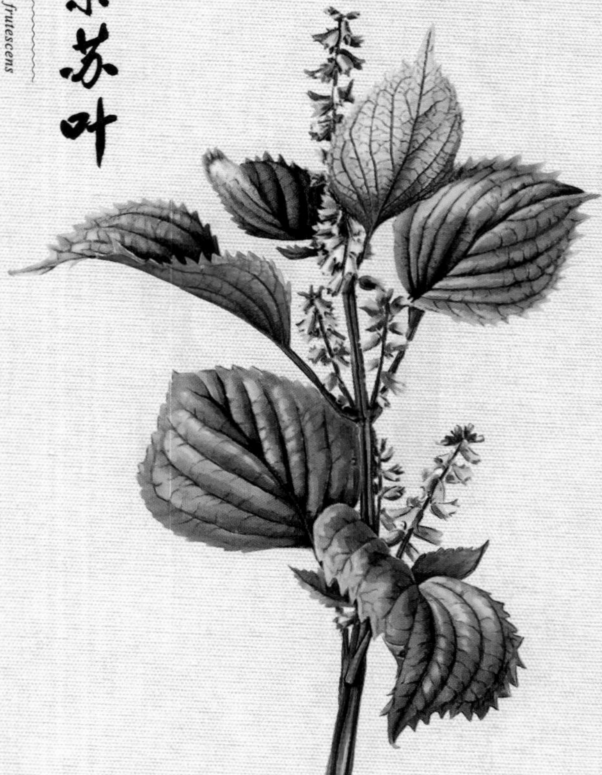

主产江苏、河北等地。以叶片大、色紫、香气浓郁者为佳。

性 味:辛,温。

功 效:解表散寒,行气和胃,安胎止呕,解鱼蟹毒。

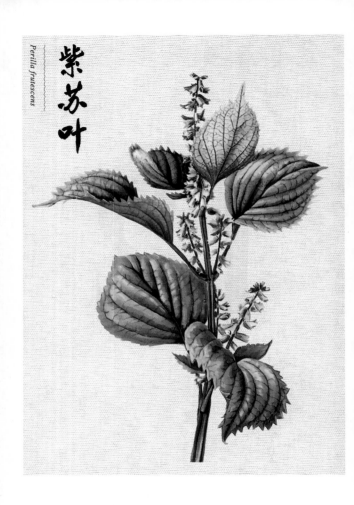

2018

农历戊戌年

本草光阴

中药养生文化日历

四月

星期五

13

农历二月廿八

紫苏叶

Perilla frutescens

养生药膳

紫苏炖乌鸡

配 方：紫苏叶 20 克，乌鸡 1 只，调料适量。

制 作：紫苏叶洗净；乌鸡去毛、内脏；紫苏叶、乌鸡、葱、姜、料酒同放炖锅内，加水置武火上烧沸，再用文火炖煮 30 分钟，调味即可。

功 效：温中止呕，理气安胎。

文化故事

华佗在河边见到一只水獭逮住大鱼，连鳞带骨把鱼吞进肚里。不久水獭肚子胀痛，上跳下窜，只见它随口吃了岸边紫色的叶子后便痊愈了，这便是紫苏叶。

2018

本草光阴

农历戊戌年

中药养生文化日历

四月

14

农历二月廿九

星期六

防风

Saposhnikovia divaricate

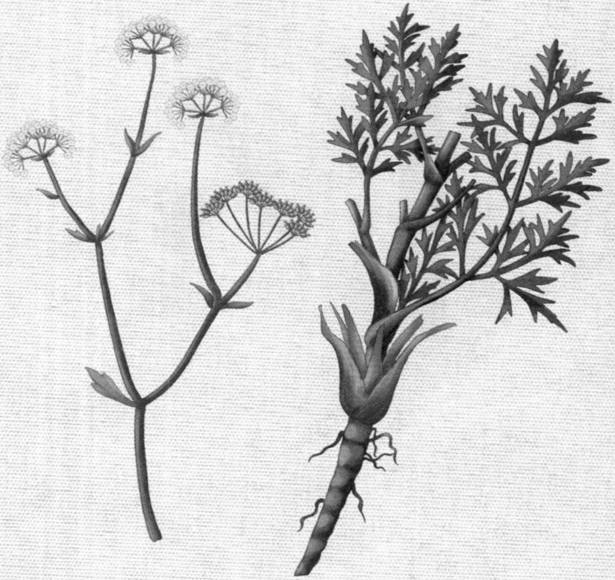

主产东北。以条粗壮、断面皮部色浅棕、木部浅黄色者为佳。

性 味：辛、甘，微温。

功 效：祛风解表，胜湿止痛，止痉。

四月

15

星期日

农历二月三十

Saposhnikovia divaricate

防风

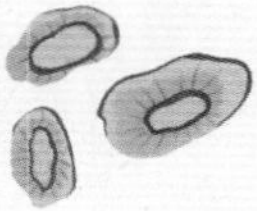

养生药膳

防风芹菜汤

配　方: 防风 15 克，芹菜 250 克，当归、盐、味精各 3 克。

制　作: 防风洗净，芹菜洗净切段后放锅内，加入清水适量，置文火上烧沸，再用文火炖煮 25 分钟，加入盐、味精即成。

功　效: 祛风止痒。

文化故事

《本草诗·防风》(清)赵瑾叔

铜芸茴草锦屏新，防御风邪气味辛。

赤肿不愁昏满目，拘挛何虑痹周身。

黄芪共理功偏大，荆芥同行意便亲。

卒伍虽居卑贱职，各随经引尽称神。

2018

本草光阴

农历戊戌年

中药养生文化日历

四月

16

星期一

农历三月初一

藁本

Ligusticum sinense

主产陕西、甘肃等地。以身干、整齐、气味浓者为佳。

性 味：辛，温。

功 效：祛风散寒，除湿止痛。

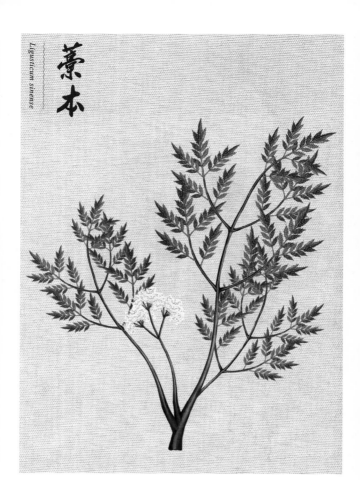

2018

本草光阴

农历戊戌年

中药养生文化日历

四月

星期二

17

农历三月初二

藁本

Ligusticum sinense

养生药膳

藁本茶

配 方：藁本 10g，绿茶 3g。

制 作：用 300 毫升开水冲泡后饮用，冲饮至味淡。

功 能：祛风止痛。

文化故事

《本草诗·藁本》（清）赵瑾叔

太阳风痛苦难熬，藁本功能在此遭。

味属辛温香独窜，气多雄壮性偏豪。

疝疼可治阴中痛，首疾能医顶上高。

夜擦旦梳同白芷，满头飞屑不须搔。

2018

农历戊戌年

本草光阴

中药养生文化日历

四月

18

星期三

农历三月初三

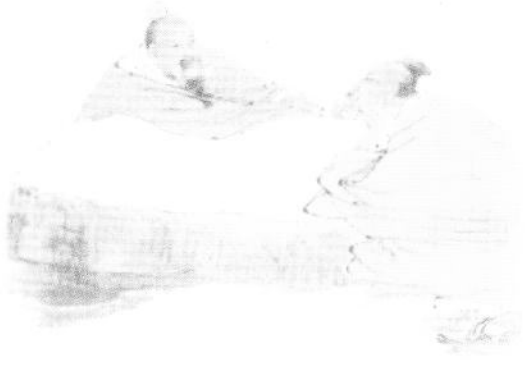

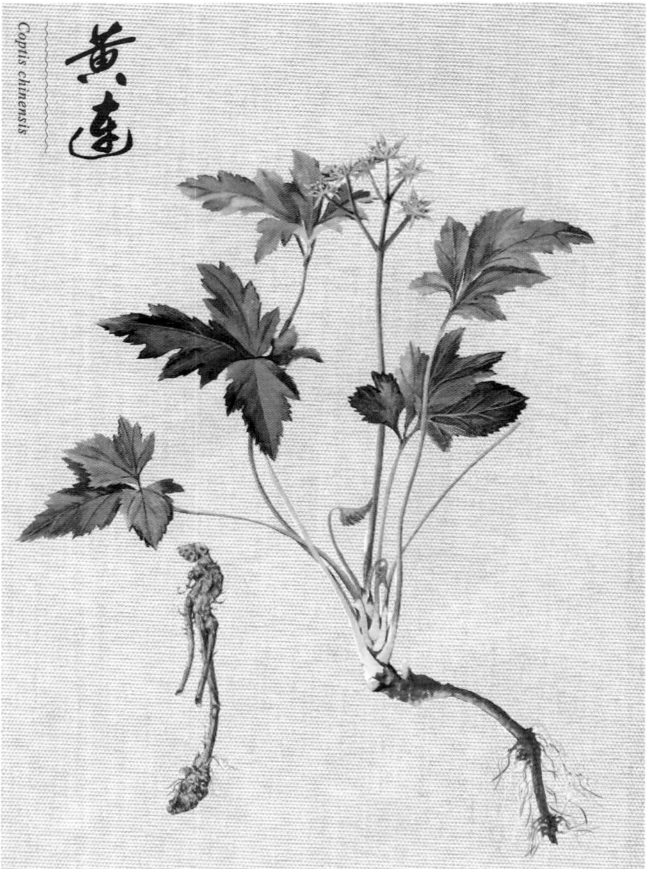

主产重庆、四川、湖北等地。以粗壮、坚实、断面木部色黄、苦味浓者为佳。

性 味：苦，寒。

功 效：清热燥湿，泻火解毒。

2018

本草光阴

农历戊戌年

中药文化养生日历

四月

19

星期四

农历三月初四

白鲜皮

Dictamnus dasycarpus

主产东北、华北、华东等地。以条大、肉厚、包灰白、断面分层、气味浓者为佳。

性 味:苦,寒。

功 效:清热燥湿,祛风止痒。

2018

农历戊戌年

本草光阴

中药养生文化日历

四月

20

星期五

农历三月初五

谷雨

白鲜皮

Dictamnus dasycarpus

养生药膳

白鲜皮酒

配　方: 白鲜皮 150 克,白酒稞 500ml。

制　作: 将上药洗净,切碎,置容器中,加入白酒,密封,浸泡 3~5 日后,过滤去渣,即成。

功　效: 祛风化湿。

文化故事

白鲜皮原作“白藓”。李时珍曰:“藓者,羊之气也。”此草具有羊膻之气,其根色白,且以根皮入药,故名白鲜皮。

2018

本草光阴

农历戊戌年

中 药 养 生
文 化 日 历

四月

21

星期六

农历三月初六

枸杞子

Lycium barbarum

主产宁夏、甘肃等地。以粒大、肉厚、色红、质柔润、味甜者为佳。

性 味:甘,平。

功 效:滋补肝肾,益精明目。

2018

农历戊戌年

本草光阴

中药养生文化日历

四月

22

星期日

农历三月初七

枸杞子

Lycium barbarum

养生药膳

枸杞核桃粥

配 方:枸杞子、核桃仁各20克,粳米100克。

制 作:将枸杞子、核桃仁、粳米洗净,加水,放入砂锅;先置武火烧沸后再用文火煮30分钟即可。

功 效:补益肺肾,润肠通便。

文化故事

枸杞子又名“却老”。《太平圣惠方》:有人出使河西,路上碰到一貌若二八年华的女子,正打一白发苍苍的老人。出手阻拦质问,女子答:“这是我孙儿,不肯服延年良药,如今年老不能行走,故而体罚。”良药便是枸杞。

本草光阴

2018

农历戊戌年

中药养生文化日历

四月

23

星期一

农历三月初八

甘草

Glycyrrhiza uralensis

主产内蒙古、新疆、甘肃等地。以外皮细紧、色红棕、质坚实、断面黄白色、粉性足、甜味浓者为佳。

性 味:甘,平。

功 效:补脾益气,清热解毒,祛痰止咳,缓急止痛,调和诸药。

2018

本草光阴

农历戊戌年

中药养生文化日历

四月

24

星期二

农历三月初九

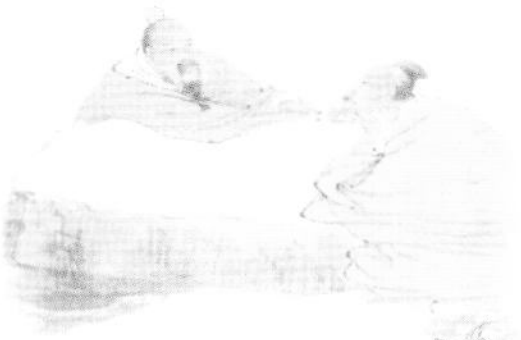

甘草

Glycyrrhiza uralensis

养生药膳

甘麦大枣汤

配　方：炙甘草 90 克，小麦 30 克，大枣十枚。

制　作：小麦洗净，漂去浮末；将甘草、小麦、大枣一起放入锅内加水煮沸至小麦开花即可饮用。

功　效：养心安神，和中缓急。

文化故事

甘草至甘纯甘，又名“国老”。陶弘景：“此草最为众药之主，经方少有不用者……国老即帝师之称，虽非君而为君所宗，是以能安和草石而解诸毒也。”

2018

本草光阴

农历戊戌年

中药文化养生日历

四月

25

星期三

农历三月初十

主产山西、陕西等地。

性 味:苦、辛,微寒。

功 效:清热解毒,消肿散结,疏散风热。

四月

26

星期四

农历三月十一

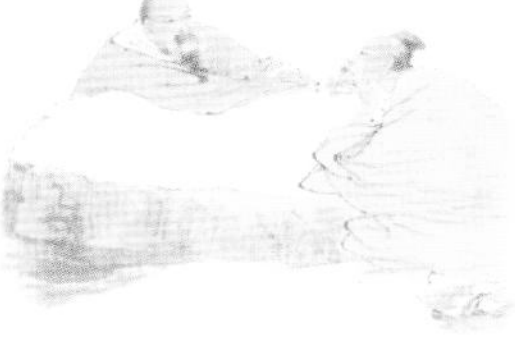

连翘

Forsythia suspensa

养生药膳

连翘炖兔肉

配　方：连翘 10 克，兔肉 150 克，料酒 6 克，姜、葱各 4 克，盐、味精各 3 克。

制　作：兔肉洗净切块；连翘洗净；姜切片，葱切段。兔肉、连翘、姜、葱、料酒放入炖锅内，加水适量，置文火上烧沸，再用文火炖煮 35 分钟，加入盐、味精搅匀即成。

功　效：消痈散结。

文化故事

《本草诗·连翘》（清）赵瑾叔

大翘不与小翘连，救苦曾名度厄钱。
协力柴胡行可辅，引经粘子使当先。
痰涎风火皆消矣，痈肿疮疡尽霍然。
状似人心双片合，其中香处有仁全。

2018

本草光阴

农历戊戌年

中药养生文化日历

四月

27

星期五

农历三月十二

板蓝根

Isatis indigotica

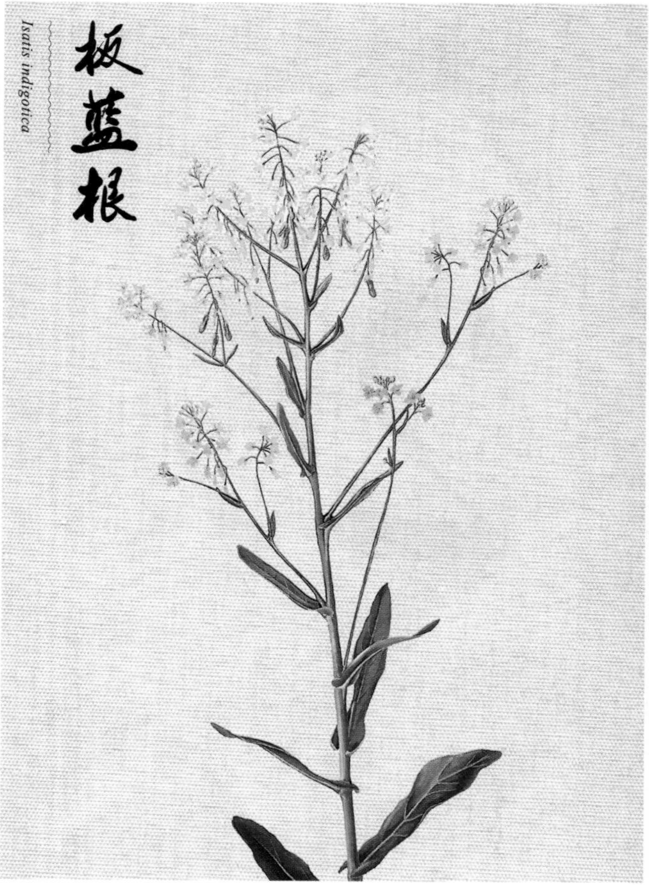

主产河北、江苏等地。以体实、味浓者为佳。

性 味：苦，寒。

功 效：清热解毒，凉血消斑，利咽消肿。

2018

农历戊戌年

本草光阴

中药文化养生日历

四月

28

星期六

农历三月十三

板蓝根

Isatis indigotica

养生药膳

板蓝根茶

配 方:板蓝根 5 克,绿茶 5 克。

制 作:用 200 毫升开水冲泡 10 分钟即可,冲饮至味淡。

功 效:清热解毒。

文化故事

板蓝根,又名大蓝根、蓝靛根,其植物来源是菘蓝,古时将其作为染料,染物呈现蓝青色,入药部位为植物的干燥根,故名板蓝根。

2018

本草光阴

中药养生文化日历

农历戊戌年

四月

29

星期日

农历三月十四

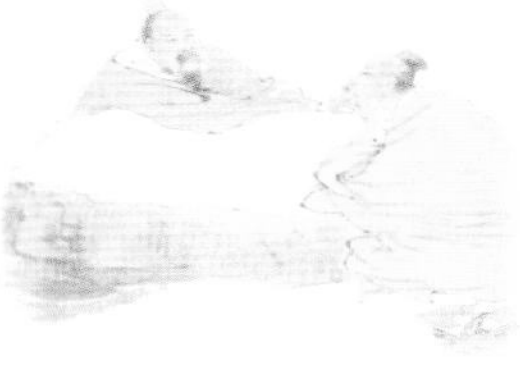

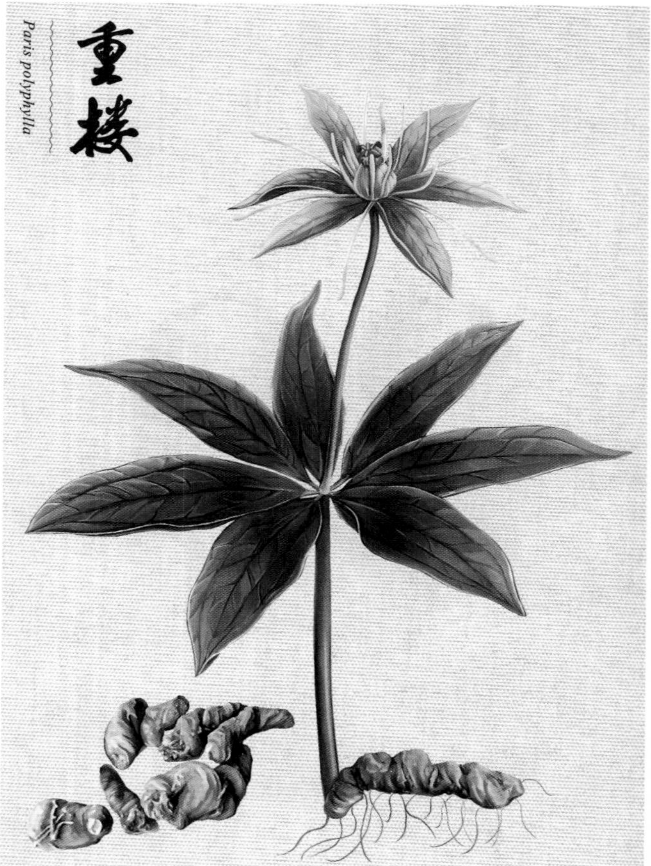

主产云南、四川等地。以质坚实、断面白色、粉性足者为佳。

性 味:苦,微寒。

功 效:清热解毒,消肿止痛,息风定惊。

2018

本草光阴

农历戊戌年

中药养生文化日历

四月

星期一

30

农历三月十五

厚朴

Magnolia officinalis

主产四川、湖北等地。以皮厚、肉细、油性足、内表面色紫棕而有发亮结晶物、香味浓者为佳。

性 味:苦、辛,温。

功 效:燥湿化痰除痞,下气消胀除满。

2018

本草光阴

农历戊戌年

中药养生文化日历

五月

1

农历三月十六

星期二

劳动节

厚朴

Magnolia officinalis

养生药膳

厚朴蔬果汁

配　方：厚朴15克，陈皮10克，西洋芹30克，苜蓿芽10克，菠萝35克，苹果35克，梨35克，蓝莓1小匙。

制　作：厚朴、陈皮洗净后放入清水，小火煮沸2分钟，滤取药汁；余下材料洗净切丁，搅打均匀，与药汁混合即可。

功　效：降气化痰，健脾祛湿。

文化故事

《说文解字》云："朴，木皮也。"此药以皮为用，皮厚，故名厚朴。主产于四川，故名川朴。以色紫而油润者为佳，又称紫油厚朴。

2018

本草光阴

农历戊戌年

中药养生文化日历

五月

2

星期三

农历三月十七

槐花

Sophora japonica

以黄白色、整齐者为佳。

性 味：苦，微寒。

功 效：凉血止血，清肝泻火。

2018

农历戊戌年

本草光阴

中药养生文化日历

五月

3

农历三月十八

星期四

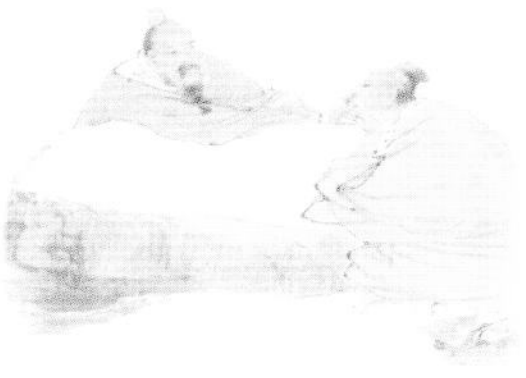

Sophora japonica

槐花

养生药膳

槐花清蒸鱼

配　方:槐花 15 克,鲫鱼 500 克,姜片、盐、料酒等适量。

制　作:鱼洗净,去鳞、鳃、内脏;放入砂锅,加葱、姜、蒜、盐、料酒在文火上蒸 20 分钟;放入洗净的槐花,蒸至鱼熟,调味即可。

功　效:清热利湿。

文化故事

《玉堂槐花》(金)赵秉文

玉堂阴合冷窗纱,雨过银泥引篆蜗。

萱草戎葵俱不见,蜂声满园采槐花。

2018

本草光阴

农历戊戌年

中药养生文化日历

五月

星期五

4

农历三月十九

青年节

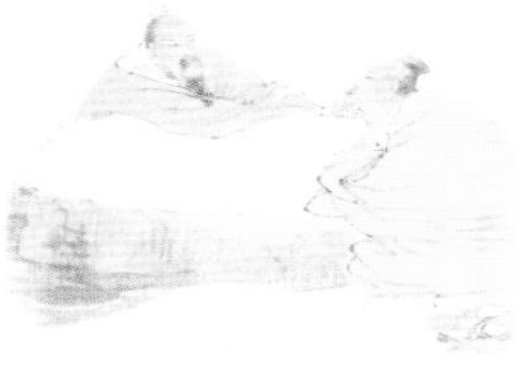

主产浙江、湖南、江苏等地。

性 味：苦，平。

功 效：清暑化湿，升发清阳，凉血止血。

2018

本草光阴

农历戊戌年

中药养生文化日历

五月

5

星期六

农历三月二十

立夏

荷叶

Nelumbo nucifera

养生药膳

荷叶甘草茶

配 方:鲜荷叶 100 克,甘草 5 克,白糖少许。

制 作:鲜荷叶洗净切碎,甘草洗净;放入水中煮 10 分钟;滤去荷叶渣,加适量白糖搅匀即可。

功 效:消暑解渴。

文化故事

《小池》(南宋)杨万里

泉眼无声惜细流,树阴照水爱晴柔。

小荷才露尖尖角,早有蜻蜓立上头。

2018

本草光阴

农历戊戌年

中药养生文化日历

五月

6

星期日

农历三月廿一

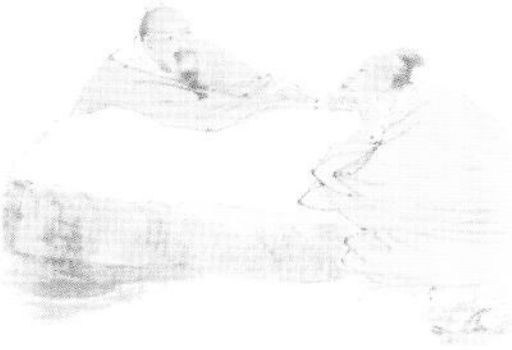

佩兰

Eupatorium fortunei

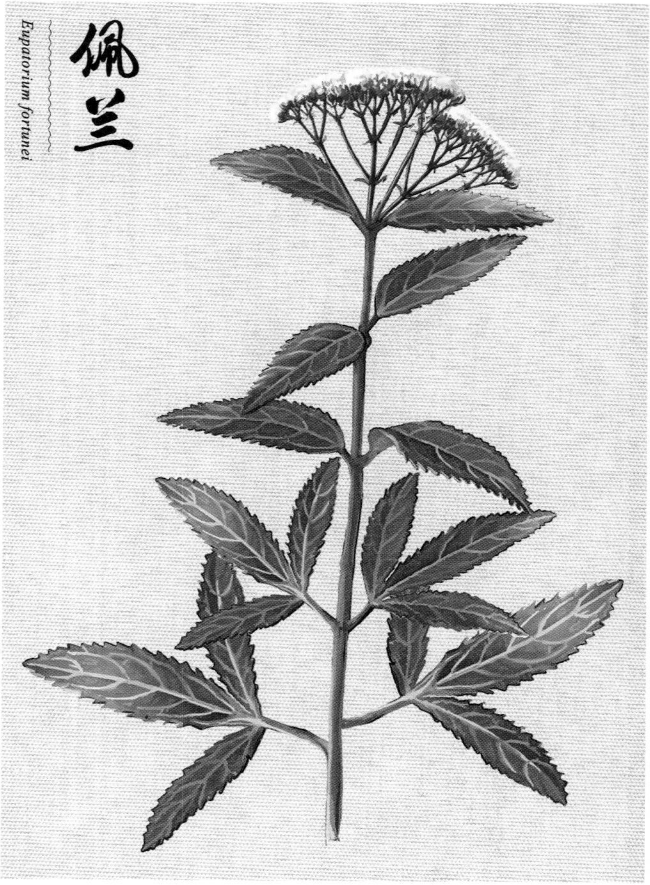

主产河北、山东等地。以质嫩、身干、杂质少、叶多、色绿、香气浓者为佳。

性　味:辛,平。

功　效:芳香化湿,醒脾开胃,发表解暑。

2018

农历戊戌年

本草光阴

中药养生
文化日历

五月

7

农历三月廿二

星期一

Eupatorium fortunei

佩兰

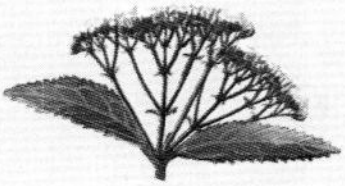

养生药膳

佩兰茶

配　方：佩兰 50 克。

制　作：佩兰洗净，放入清水煮沸或热水浸泡即可。

功　效：解暑化湿，辟秽和中。

文化故事

佩兰始载于《神农本草经》，原名兰草。古人早有佩插兰草以辟秽之习俗，正如《楚辞·离骚》曰“扈江离与辟芷兮，纫秋兰以为佩”。

五月

8

星期二

农历三月廿三

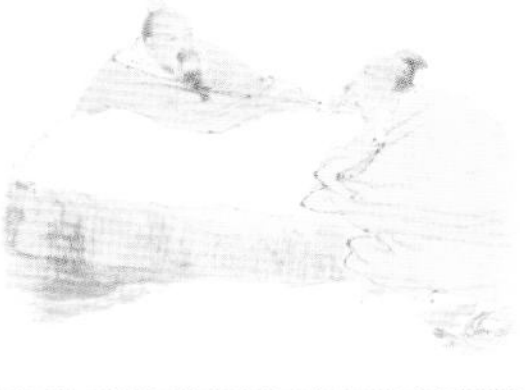

苍术

Atractylodes lancea

主产江苏、湖北等地。以质坚实、断面朱砂点多、香气浓者为佳。

性 味：辛、苦，温。

功 效：燥湿健脾，祛风散寒，明目。

2018

农历戊戌年

本草光阴

中药养生文化日历

五月

9

星期三

农历三月廿四

苍术

Atractylodes lancea

养生药膳

苍术猪肝粥

配 方: 猪肝 100 克,苍术 9 克,粳米 150 克。

制 作: 苍术焙干为末;猪肝切成两片相连,掺药在内,用麻线扎定;猪肝与粳米加水适量,放入砂锅内煮熟即可。

功 效: 养肝明目,健脾祛湿。

文化故事

其根如老姜之状,苍黑色,故名“苍”;“术”强调其生于山中。茅山“苍术”得山之灵韵,独为翘楚,成为道地药材,又名“茅术”。

2018

农历戊戌年

本草光阴

中药养生
文化日历

五月

10

农历三月廿五

星期四

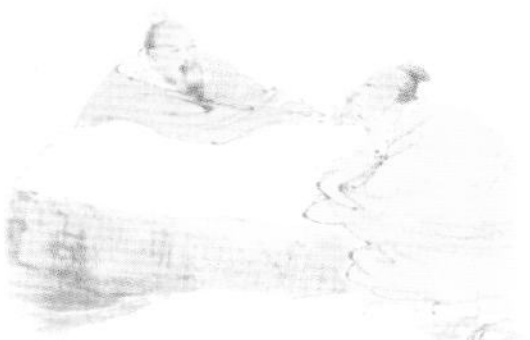

砂仁

Amomum villosum

主产广东省，多为栽培。以饱满、坚实、香气浓、味辛凉浓厚者为佳。

性 味：辛，温。

功 效：化湿开胃，温脾止泻，理气安胎。

2018

本草光阴

农历戊戌年

中药养生文化日历

五月

11

农历三月廿六

星期五

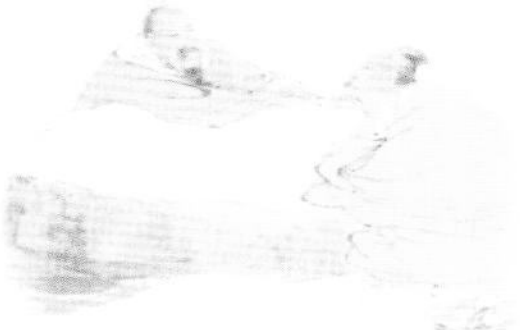

Amomum villosum

砂仁

养生药膳

砂仁粥

配　方:砂仁细末 3~5 克,粳米 100 克。

制　作:先将粳米熬成粥,再放入砂仁末,搅匀,再煮开即可。

功　效:化湿行气,温中止泻,理气安胎。

文化故事

广东阳春县一次发生牛瘟,多数耕牛病死,唯金花坑一带耕牛健强力壮,原来它们常吃一种叶子芳香、根部长果实的草,这就是砂仁,又名阳春砂仁。

2018

本草光阴

农历戊戌年

中药养生文化日历

五月

星期六

12

农历三月廿七

护士节

葶苈子

Lepidium apetalum

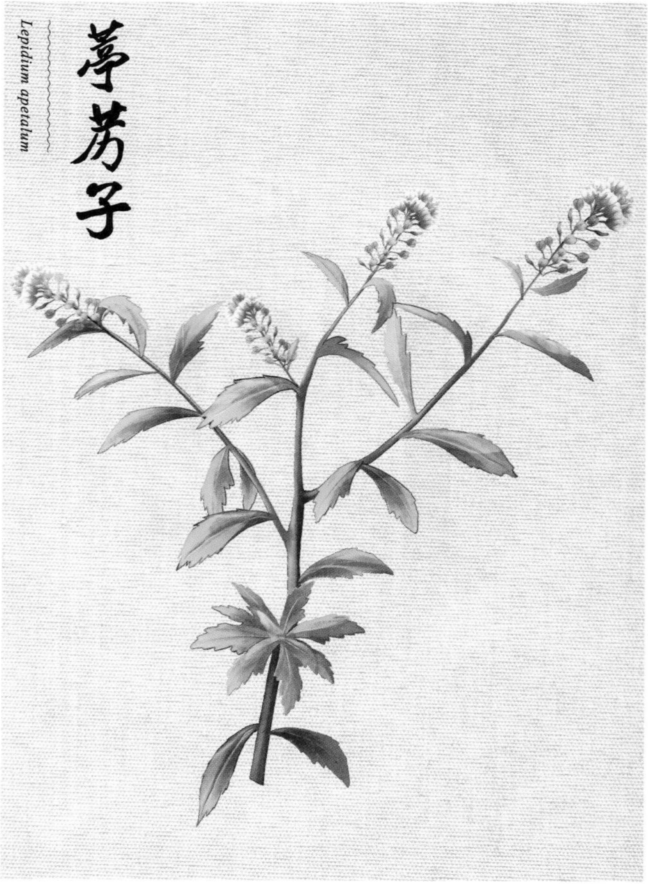

主产华东、中南等地区。以籽粒饱满、黏性强者为佳。

性 味:辛、苦,大寒。

功 效:泻肺平喘,行水消肿。

五月

13

星期日

农历三月廿八

母亲节

葶苈子

Lepidium apetalum

养生药膳

葶苈子粥

配 方:葶苈子 5 克,粳米 50 克,白糖适量。

制 作:葶苈子洗净,文火炒至微香;加水煎汁,去渣后加粳米煮粥,粥成时酌加白糖调味即可。

功 效:利水消肿。

文化故事

葶苈,原作亭历。亭,同“渟”,意为停滞,水积聚而不流通;历意行。葶苈子行水消肿,能通利小便,有决亭水而使历之之功,故名。

五月

14

农历三月廿九

星期一

刺五加

Acanthopanax senticosus

全国各地多有栽培。

性 味:辛、微苦,温。

功 效:益气健脾,补肾强腰,养心安神,化痰平喘。

五月

15

星期二

农历四月初一

刺五加

Acanthopanax senticosus

养生药膳

凉拌刺五加

配　方：刺五加 500 克，蒜泥 10 克，盐、味精、香油、醋适量。

制　作：刺五加去杂质洗净，入沸水锅略焯，迅速捞出，挤干水分，切碎，放入盆中待用；蒜泥、盐、味精、香油和醋放小碗中搅匀，浇在刺五加上拌匀即可。

功　效：益气健脾，补肾安神。

文化故事

刺五加叶为掌状复叶，小叶五片，呈现“五叶交加”的形态；其茎部通常密生细长倒刺，故名。

五月

16

星期三

农历四月初二

青蒿

Artemisia annua

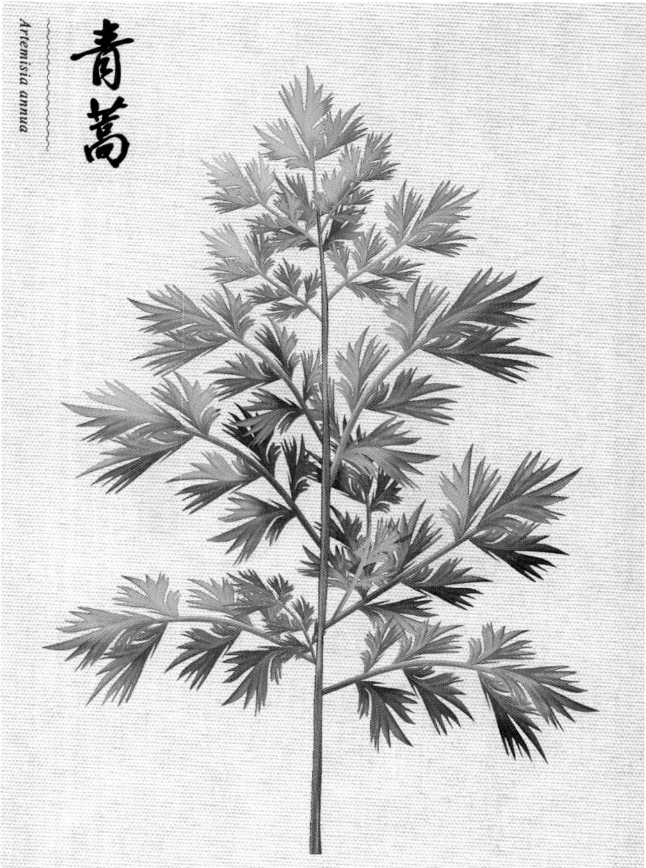

以色绿、香气浓者为佳。

性 味:苦、辛,寒。

功 效:清虚热,除骨蒸,解暑热,截疟。

2018

本草光阴

农历戊戌年

中药养生
文化日历

五月

17

农历四月初三

星期四

Artemisia annua

青蒿

养生药膳

青蒿饼

配　方：青蒿20克，面粉50克，鸡蛋2个。

制　作：青蒿洗净、切碎；加入鸡蛋、面粉搅匀，煎熟即可。

功　效：清虚热，解暑热。

文化故事

《本草诗·青蒿》（清）赵瑾叔

入药青蒿只取中，根茎子叶用休同。

温除痃疟偏多效，熟退劳伤大有功。

止却血脓盈耳出，去将蒜发满头蒙。

采来酸醋应须拌，最喜芬芳叶可充。

2018

农历戊戌年

本草光阴

中药养生文化日历

五月

18

星期五

农历四月初四

秦艽

Gentiana macrophylla

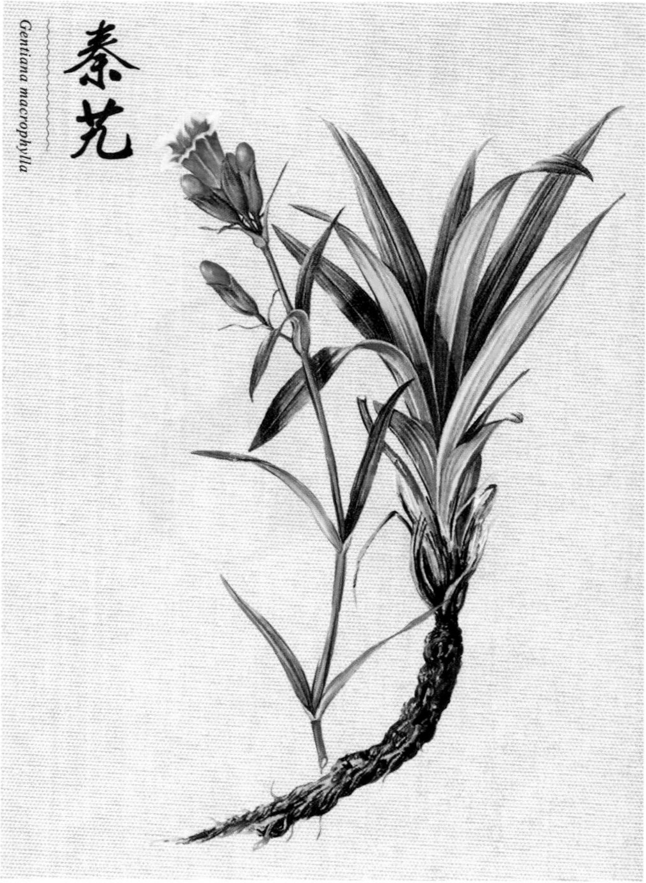

主产西北、西南地区。以粗壮、质实、色棕黄、气味浓者为佳。

性　味：辛、苦，微寒。

功　效：祛风湿，止痹痛，清湿热，退虚热。

2018

本草光阴

农历戊戌年

中药养生文化日历

五月

19

星期六

农历四月初五

秦艽

Gentiana macrophylla

养生药膳

秦艽酒

配 方: 秦艽 50 克, 黄酒 300 克。

制 作: 秦艽洗净, 捣碎后置于容器中, 加入黄酒密封浸泡 7 天, 过滤去渣即可。

功 效: 祛风除湿。

文化故事

"艽"通"纠", 是纵横交错的意思。秦艽根部表面有纵向或扭曲的纵沟, 可谓"罗纹交纠"。其主产于秦中地区, 故名秦艽。

2018

本草光阴

农历戊戌年

中药养生
文化日历

五月

20

星期日

农历四月初六

栀子

Gardenia jasminoides

主产湖南、江西、湖北等地。以果实完整、种子饱满者为佳。

性 味:苦,寒。

功 效:泻火除烦,清热利湿,凉血解毒。外用消肿止痛。

五月

21

星期一

农历四月初七

小满

Gardenia jasminoides

栀子

养生药膳

栀子粥

配 方：栀子 5 克，粳米 100 克。

制 作：将粳米放入砂锅中熬煮成粥；栀子碾成细末，待粥将成时，调入栀子末稍煮即可食用。

功 效：清热泻火，除烦安神。

文化故事

《咏栀子》（唐）杜甫

栀子比众木，人间诚未多。
于身色有用，与道气相合。
红取风霜实，青看雨露柯。
无情移得汝，贵在映红波。

2018

农历戊戌年

本草光阴

中药文化 养生日历

五月

22

星期二

农历四月初八

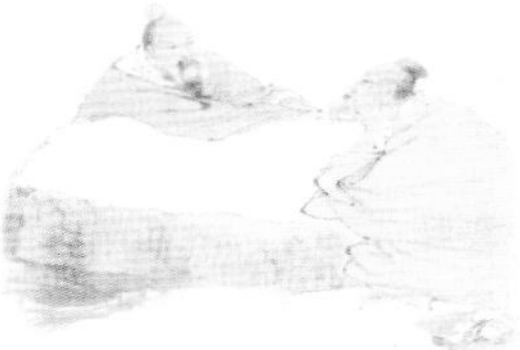

泽泻

Alisma orientale

主产福建、四川等地。以坚实、色黄白、粉性大者为佳。

性 味:甘、淡,寒。

功 效:利水渗湿,泄热。

2018

农历戊戌年

本草光阴

中药养生
文化日历

五月

23

星期三

农历四月初九

Alisma orientale

泽泻

养生药膳

泽泻荷叶粥

配　方:泽泻 20 克,鲜荷叶 1 张,粳米 100 克,白糖适量。

制　作:鲜荷叶洗净,泽泻洗净研粉;泽泻粉和粳米入锅,加水适量,将荷叶盖于水面上;熬成稀粥,揭去荷叶,白糖调味即可。

功　效:利湿泄浊,消脂减肥。

文化故事

"泽"言生长环境,为浅水池沼;"泻"言其功,具有利水泄浊之功。《本草纲目》:"去水曰泻,如泽水之泻也。"故名泽泻。

2018

本草光阴

农历戊戌年

中药养生文化日历

五月

星期四

24

农历四月初十

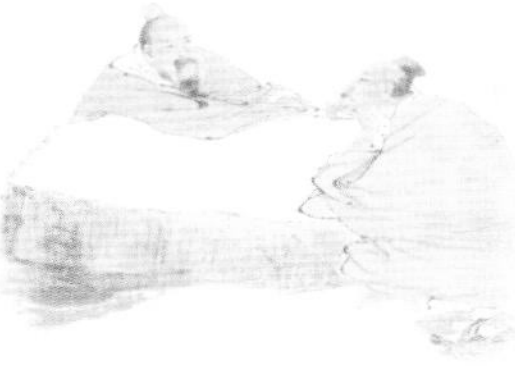

全国各地多有栽培。

性　味：酸、甘，平。

功　效：利水消肿，清热解毒，利湿退黄。

2018

农历戊戌年

本草光阴

中药养生文化日历

五月

25

星期五

农历四月十一

赤小豆

V. umbellata

养生药膳

赤小豆粥

配　方：赤小豆 50 克，粳米 100 克。

制　作：将赤小豆用水浸泡 3~5 小时后，与粳米同煮，熬成粥即可食用。

功　效：清热利湿。

文化故事

又名红豆、相思子。其色红，形如心，常以此相赠，象征着爱情，寓意着相思。王维曾有“愿君多采撷，此物最相思”的名句。

五月

星期六

26

农历四月十二

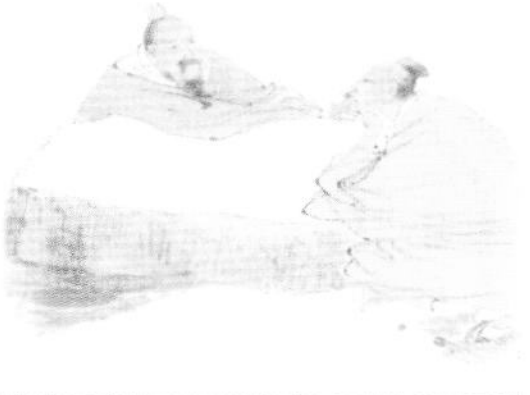

玉米须

Zea mays

全国各地均有栽培。

性 味：甘、淡，平。

功 效：利尿消肿，利湿退黄。

五月

27

农历四月十三

星期日

玉米须

Zea mays

养生药膳

::

玉米须鲫鱼汤

配　方: 玉米须 150 克,莲子肉 5 克,鲫鱼 450 克,调料适量。

制　作: 鲫鱼洗净,去鳞及内脏;玉米须、莲子肉洗净;油锅炝葱姜,下入鲫鱼略煎,加水、玉米须、莲子肉煲至熟,调味即可。

功　效: 清热利尿通淋。

文化故事

::

玉米原名玉蜀黍,是五谷之外的第六谷。原产美洲,明代时传入我国,花柱细长,如丝如须,故得玉米须、苞米须、珍珠米须等美名。

2018

农历戊戌年

本草光阴

中药养生
文化日历

五月

28

星期一

农历四月十四

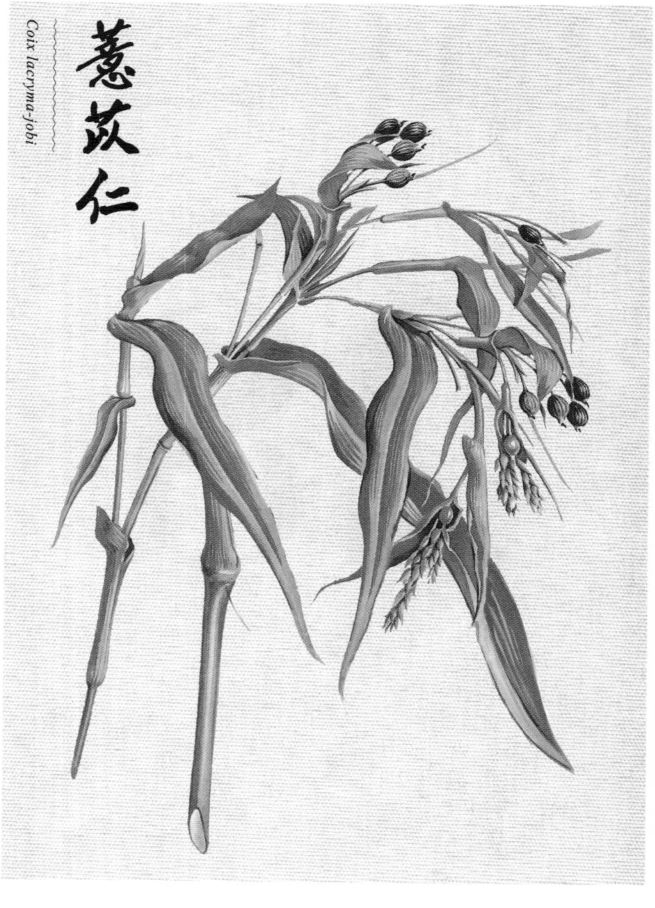

主产河北、福建等地。以粒大饱满、色白者为佳。

性　味：甘、淡，凉。

功　效：利水渗湿，健脾止泻，除痹，排脓。

五月

29

星期二

农历四月十五

薏苡仁

Coix lacryma-jobi

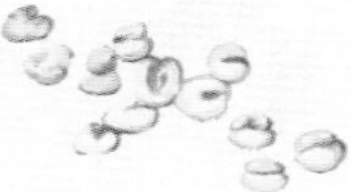

养生药膳

薏苡仁粥

配 方： 薏苡仁 30~60 克，粳米 100 克。

制 作： 将薏苡仁与粳米同时放入锅中，水煮，熬成粥即可。

功 效： 健脾止泻，利水渗湿。

文化故事

《后汉书》：东汉时，南方多瘴气，将军马援奉刘秀之命，远征交趾。将士们水土不服，染上脚气。马援让部下采用薏苡仁煎水服食而愈。

五月

30

农历四月十六

星期三

葛根

Pueraria lobata

主产湖南、河南等地。以块大、质韧、切面色黄白、甜味浓者为佳。

性 味:甘、辛,凉。

功 效:解肌退热,生津止渴,透疹,升阳止泻,通经活络,解酒毒。

五月

31

星期四

农历四月十七

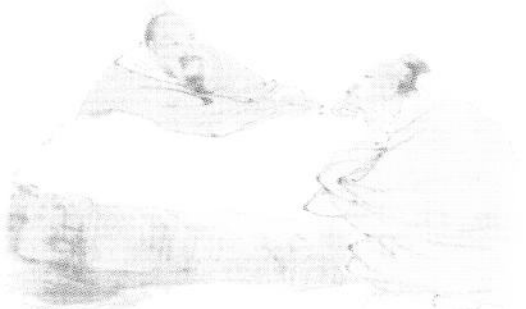

葛根

Pueraria lobata

养生药膳

葛根猪肉汤

配　方：葛根 40 克，猪肉 250 克，调料适量。

制　作：猪肉洗净、切块，汆水；葛根洗净；猪肉入砂锅，煮熟后加入葛根、盐、葱、香油等，稍煮片刻即可。

功　效：解表退热，生津止渴。

文化故事

相传东晋时，葛洪在茅山采药炼丹。恰逢瘟疫斑疹流行，他让百姓服用山中的一种青藤根，既充饥又祛斑消疹。为感谢葛洪，将其命名为葛根。

2018

本草光阴

农历戊戌年

中药养生文化日历

六月

1

星期五

农历四月十八

儿童节

芦荟

Aloe barbadensis

主产非洲北部、南美洲及西印度群岛。以质脆、有光泽、气味浓者为佳。

性 味:苦,寒。

功 效:泻下通便,清肝泻火,杀虫疗疳。

2018

农历戊戌年

本草光阴

中药养生文化日历

六月

2

星期六

农历四月十九

Aloe barbadensis

芦荟

养生药膳

清炒香菇芦荟

配 方:芦荟15克,笋片100克,鲜香菇2~3个,调料适量。

制 作:香菇洗净撕成小朵,芦荟洗净切块;油锅烧至七成热,放入冬笋片、香菇和芦荟,爆炒,炒熟后加盐、味精调味即可。

功 效:清热解毒,润肠通便。

文化故事

唐代诗人刘禹锡少年时患癣疾,由颈项漫至后耳,浸淫难忍,多治无效。楚州一名医教他先以温水洗癣,拭净后以芦荟敷之,立干便愈。

2018

农历戊戌年

本草光阴

中药文化养生日历

六月

3

星期日

农历四月二十

北豆根

Menispermum dauricum

主产东北、河北、山东等地。以粗壮、味苦者为佳。

性 味:苦,寒。

功 效:清热解毒,消肿止痛。

六月

4

星期一

农历四月廿一

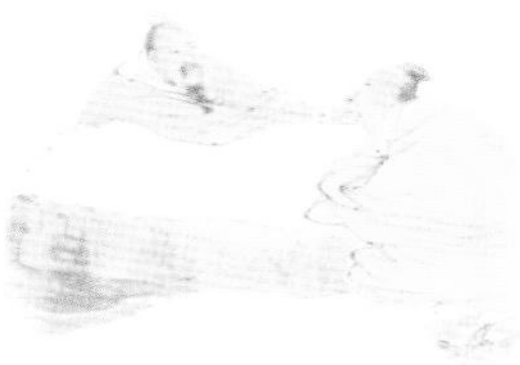

北豆根

Menispermum dauricum

养生药膳

菊花豆根汤

配　方:北豆根 90 克,蒲公英 90 克,野菊花 90 克,白糖适量。

制　作:蒲公英、野菊花、北豆根洗净,加水适量煎煮 20 分钟,滤渣取汁,加白糖调味即可。

功　效:清热解毒。

文化故事

北豆根根茎细长、弯曲,有众多分枝,表面黄棕色或暗棕色,有弯曲的细根,形似大豆的根茎。其主产东北、华北地区,故名北豆根。

2018 农历戊戌年

本草光阴

中药养生文化日历

六月

5

星期二

农历四月廿二

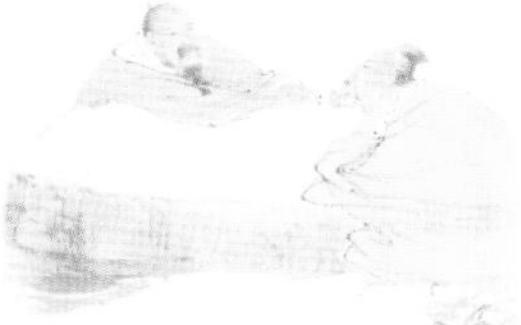

皂角刺

Gleditsia sinensis

主产四川、贵州等地。以片薄、纯净、整齐者为佳。

性 味：辛，温。

功 效：消肿托毒，排脓，杀虫。

2018

农历戊戌年

本草光阴

中药养生文化日历

六月

6

星期三

农历四月廿三

芒种

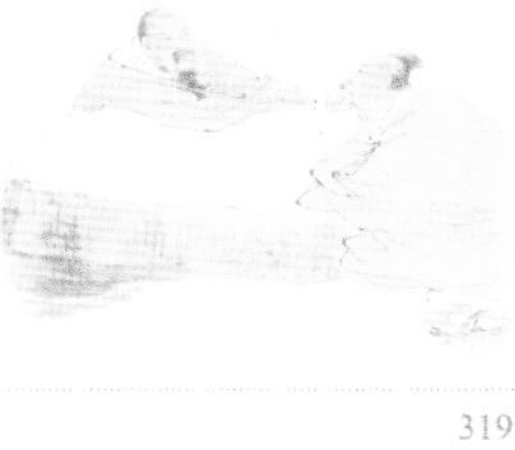

皂角刺

Gleditsia sinensis

养生药膳

皂角刺炖老母鸡

配　方： 皂角刺 120 克，老母鸡 1 只，调料适量。

制　作： 老母鸡去毛及内脏，洗净；皂角刺戳满鸡身，放入锅中，加水适量，用小火煨烂，去皂角刺，调味即可。

功　效： 解毒排脓，活血消肿。

文化故事

因其棘刺粗壮，质坚硬，不易折断，酷似一枚巨大的钉，故名皂角刺。因此钉乃自然所成，犹如上天赐予，故又名“天丁”。

六月

星期四

7

农历四月廿四

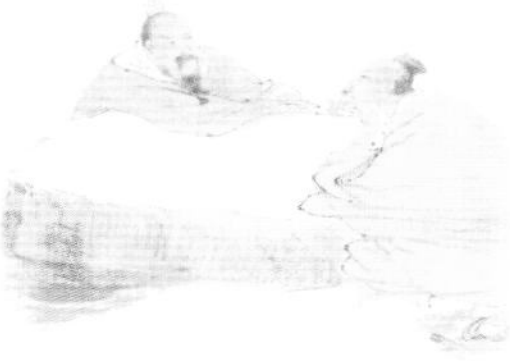

知母

Anemarrhena asphodeloides

主产河北、山西等地。以条粗、质坚实、断面黄白色者为佳。

性　味:苦、甘,寒。

功　效:清热泻火,滋阴润燥。

六月

星期五

8

农历四月廿五

知母

Anemarrhena asphodeloides

养生药膳

知母鹌鹑汤

配　方: 知母 10 克,薏米 30 克,鹌鹑 1 只,生姜 3 片。

制　作: 知母、薏米浸泡;鹌鹑洗净,去爪及内脏;上述材料与生姜下炖盅,加盖隔水炖 2 个半小时,食盐调味即可。

功　效: 清热泻火,滋阴润燥。

文化故事

根茎横生,覆有众多黄褐色绒毛,下面多生肉质须根。母根被毛形似母虫,根芽初长形似初生幼虫。远看似母虫哺育幼虫,故名知母。

六月

9

星期六

农历四月廿六

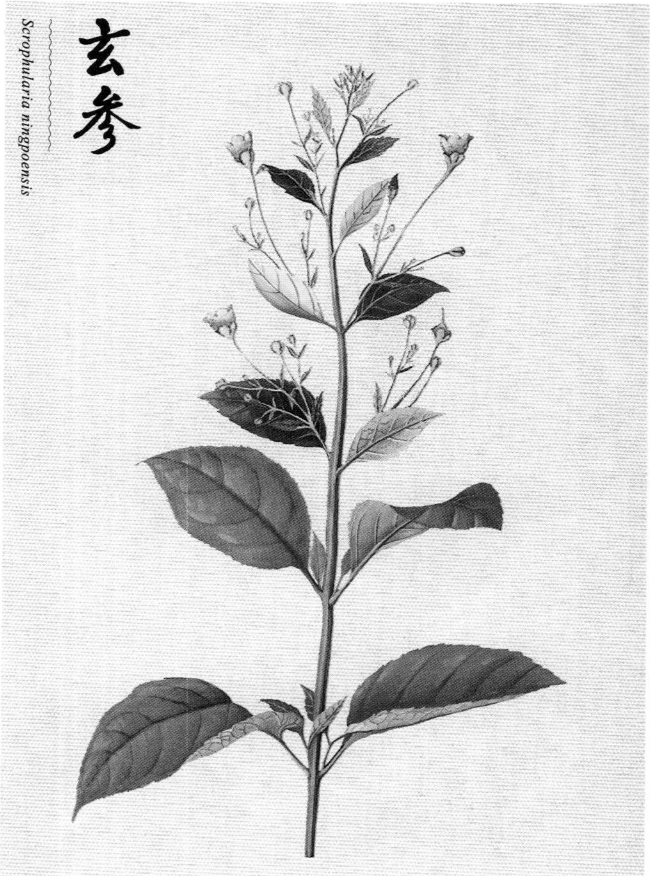

主产浙江。以条粗壮、质坚实、断面黑色者为佳。

性　味：甘、苦、咸，微寒。

功　效：清热凉血，滋阴降火，解毒散结，润肠通便。

2018

农历戊戌年

本草光阴

中药养生文化日历

六月

10

星期日

农历四月廿七

玄参

Scrophularia ningpoensis

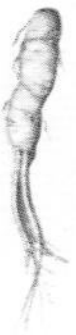

养生药膳

玄参蒸萝卜

配　方：玄参 15 克，白萝卜 300 克，蜂蜜 30 克，料酒 20 毫升。

制　作：萝卜洗净切薄片；玄参洗净用料酒浸润；玄参和萝卜叠放，淋上蜂蜜、料酒大火隔水蒸 2 小时即可。

功　效：滋阴润肺，润肠通便。

文化故事

玄参即元参，因其通身乌黑亮泽，形圆质润，又有人参之形，故名玄参。清康熙年间，为避讳康熙玄烨，“玄”改为“元”。

2018

本草光阴

农历戊戌年

中药养生文化日历

六月

11

农历四月廿八

星期一

生姜

Zingiber officinale

性　味：辛，微温。

功　效：解表散寒，温中止呕，温肺止咳，解鱼蟹毒。

六月

12

星期二

农历四月廿九

生姜

Zingiber officinale

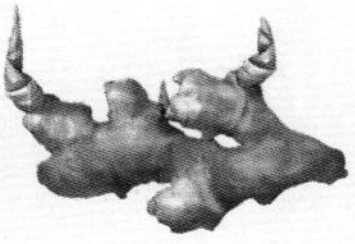

养生药膳

生姜粥

配 方:生姜 8 克,大枣 2 枚,粳米 100 克。

制 作:生姜切为薄片或细料;生姜、大枣、粳米共同煮粥,适加盐、麻油等调味。

功 效:疏风散寒,温中和胃。

文化故事

宋代时,广州通判杨立之好食鹧鸪。一次,他患喉痈服清热解毒药无效。名医杨吉老让他吃一斤生姜而愈。因鹧鸪好吃有毒生半夏,多食则致喉痈。生姜解半夏之毒,故治之。

六月

13

星期三

农历四月三十

全国各地均有栽培。以粒大、饱满、色白者为佳。

性 味: 甘,微温。

功 效: 健脾化湿,和中消暑,解毒。

2018

本草光阴

农历戊戌年

中药文化养生日历

六月

14

星期四

农历五月初一

白扁豆

Dolichos lablab

养生药膳

白扁豆粥

配　方：白扁豆 60 克，粳米 100 克。

制　作：将白扁豆与粳米同放入锅中，加水煮，熬成粥即可。

功　效：健脾和中，化湿解暑。

文化故事

《本草纲目》曰："藊本作扁，荚形扁也。"其为草质藤本，故名藤豆。性蔓生延缠，而有沿篱豆、篱笆豆之名。以色白者入药，因呼雪豆、白扁豆。

2018

本草光阴

农历戊戌年

中药养生文化日历

六月

15

农历五月初二

星期五

土茯苓

Smilax glabra

主产广东、湖南等地。以粉性大、筋脉少、断面淡红棕色者为佳。

性　味：甘、淡，平。

功　效：解毒，除湿，通利关节。

2018

农历戊戌年

本草光阴

中药养生
文化日历

六月

16

农历五月初三

星期六

土茯苓

Smilax glabra

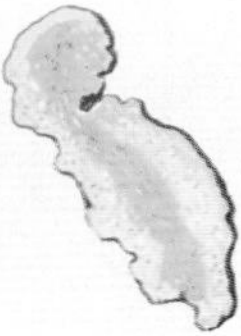

养生药膳

土茯苓鳝鱼汤

配　方：土茯苓、赤芍各 10 克，鳝鱼、蘑菇各 100 克，当归 8 克。

制　作：鳝鱼洗净切段；当归、土茯苓、赤芍、蘑菇洗净，与鳝鱼一同放入锅中，大火煮沸后转小火续煮 20 分钟，调味即可。

功　效：祛风除湿，清热解毒。

文化故事

根茎块状而不规则，表面结节状隆起如盏连缀，大若鸡卵，半在土中，皮如茯苓，藤藤相接，故名土茯苓。传说大禹治水饥而食之，又名禹余粮。

2018

本草光阴

农历戊戌年

中药文化养生日历

六月

星期日

17

农历五月初四

父亲节

秦皮

Fraxinus chinensis

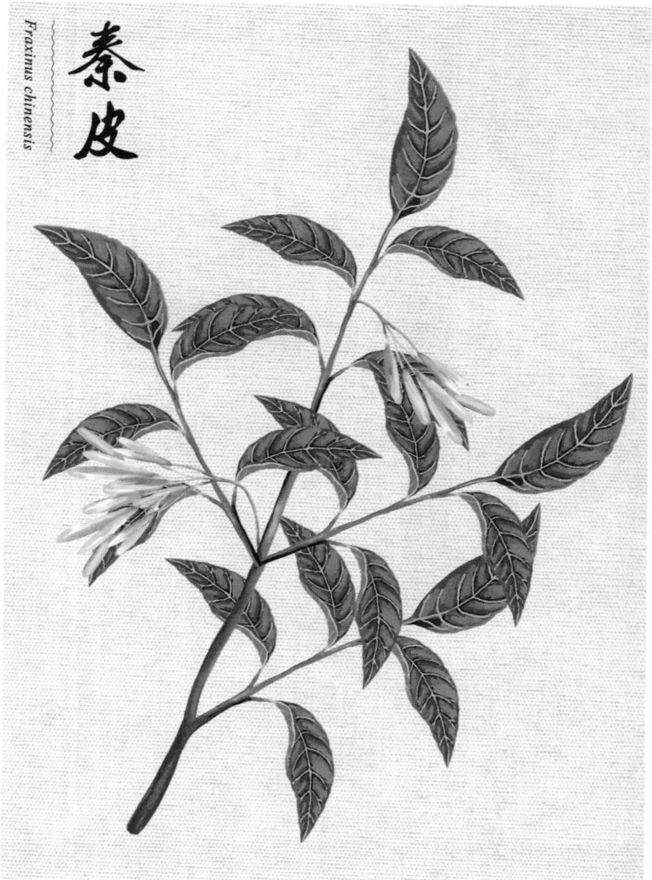

主产四川。以条长、外皮薄而光滑者为佳。

性 味:苦、涩,寒。

功 效:清热燥湿,收涩止痢,止带,明目。

2018
农历戊戌年

本草光阴

中药养生文化日历

六月

星期一

18

农历五月初五

端午节

秦皮

Fraxinus chinensis

养生药膳

秦皮乌梅汤

配　方：秦皮 12 克，乌梅 30 克，白糖适量。

制　作：秦皮、乌梅洗净，放入锅中，加水煎煮，去渣取汁，服用时加白糖即可。

功　效：清热利湿。

文化故事

秦皮，本作梣皮。其木小儿岑高，故以为名。因其出秦地，故得秦名。其树叶如檀，又名石檀；因其味苦，呼味苦树。

2018

本草光阴

农历戊戌年

中药养生
文化日历

六月

19

农历五月初六

星期二

黄柏

Phellodendron chinense

主产四川。以皮厚、色黄、无栓皮者为佳。

性 味:苦,寒。

功 效:清热燥湿,泻火除蒸,解毒疗疮。

2018

本草光阴

农历戊戌年

中药养生
文化日历

六月

20

星期三

农历五月初七

主产四川、湖北等地。以色白、质坚实、粉性足者为佳。

性 味：辛，温。

功 效：燥湿化痰，降逆止呕，消痞散结。

六月

21

星期四

农历五月初八

夏至

半夏

Pinellia ternate

养生药膳

半夏秫米汤

配 方： 半夏50克，糯黄米一把。

制 作： 先5碗清水煮沸后，加入秫米、半夏，小火慢煮至1碗。分3次服下，早中晚各1次。

功 效： 引阳入阴，和胃安神。

文化故事

“五月半夏生，盖当夏之半也。”因在农历的五月生长旺盛而得名。而七月盛夏时，半夏地上部分因不耐高温而倒苗，引盛夏阳气入半夏地下部分收藏。

六月

22

星期五

农历五月初九

芡实

Euryale ferox

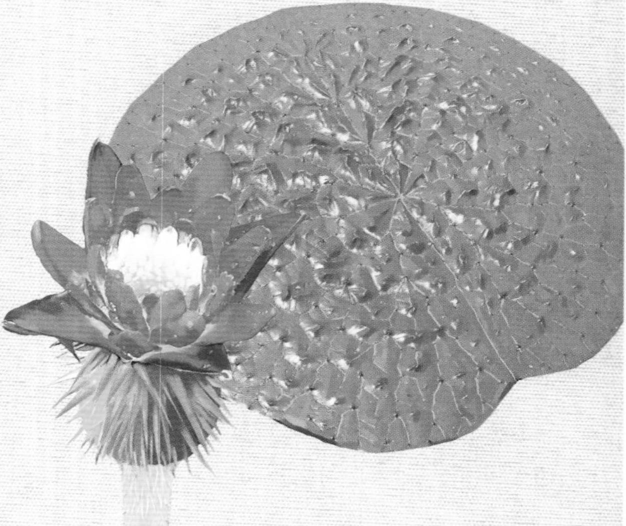

主产湖南、江苏、安徽等地。

性　味: 甘、涩,平。

功　效: 益肾固精,健脾止泻,除湿止带。

2018

农历戊戌年

本草光阴

中药文化养生日历

六月

23

星期六

农历五月初十

芡实

Euryale ferox

养生药膳

芡实糕

配　方：芡实 50 克，面粉 150 克，酵母粉 10 克，白糖 30 克。

制　作：芡实粉、面粉拌匀，加入酵母粉、白糖及水适量，揉成面团。待面团发酵后，分成 20 等份，做成糕，放入蒸笼内蒸 20 分钟即可。

功　效：健脾益胃。

文化故事

李时珍："芡可济俭歉，故谓之芡。"芡实味甘美，古时常用作救济穷苦之人以饱腹。生于水中，其花如同鸡冠，故有鸡头米、雁头之名。

六月

24

星期日

农历五月十一

苦参

Sophora flavescens

主产山西、河南等地。以条匀、断面色黄白、无须根、苦味浓者为佳。

性 味:苦,寒。

功 效:清热燥湿,杀虫止痒,利尿通淋。

2018

农历戊戌年

本草光阴

中药文化养生日历

六月

25

星期一

农历五月十二

苦参

Sophora flavescens

养生药膳

苦参鸡蛋汤

配　方：苦参10克，鸡蛋1个。

制　作：苦参洗净，加水煎汁；打入鸡蛋，放入碗内，将鸡蛋搅匀，然后将沸腾的药汁冲入鸡蛋碗里，趁热服用。

功　效：清热泻火安神。

文化故事

《本草诗·苦参》（清）赵瑾叔

未必人参一例尊，尝来味苦锁眉根。

可知贝母成伪寇，莫与藜芦作友昆。

风热疮疡除遍体，肠白血痢住肛门。

纯阴损肾休多服，兼且寒精勿浪吞。

2018

本草光阴

中药文化养生日历

农历戊戌年

六月

26

星期二

农历五月十三

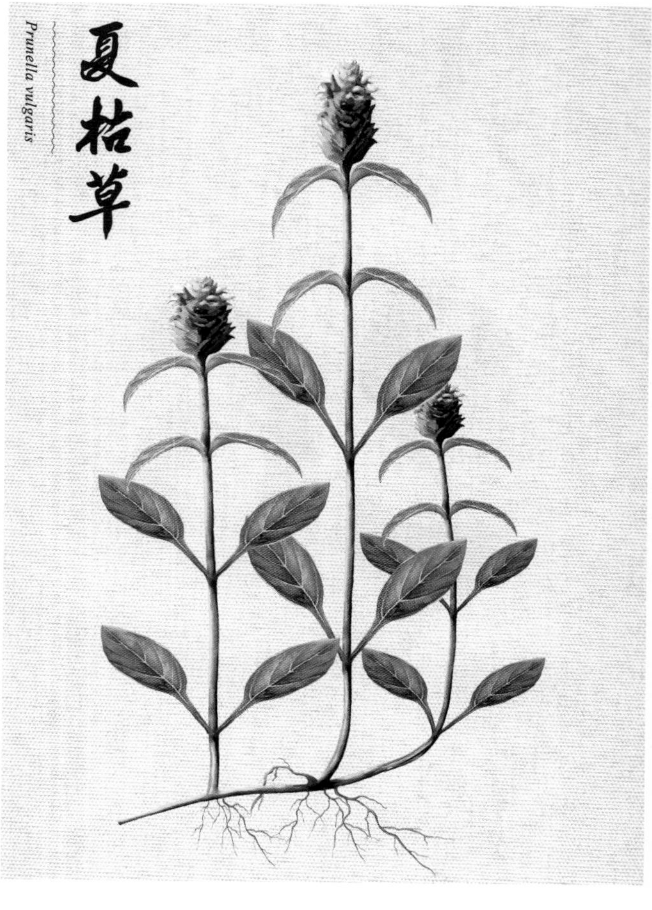

主产江苏、安徽等地。以穗大、色棕红、摇之作响者为佳。

性 味: 辛、苦,寒。

功 效: 清热泻火,清肝明目,散结消肿。

2018

本草光阴

农历戊戌年

中药养生文化日历

六月

27

星期三

农历五月十四

夏枯草

Prunella vulgaris

养生药膳

黑豆夏枯草汤

配　方：黑豆 50 克，夏枯草 30 克，冰糖适量。

制　作：夏枯草洗净，用纱布包裹；黑豆浸软，洗净；两者放入砂锅内，加入清水，武火煲沸后改文火煮 30~40 分钟，调入冰糖即可。

功　效：清肝泻火，养阴润燥。

文化故事

《本草诗·夏枯草》（清）赵瑾叔

性禀纯阳随处栽，草逢入夏即枯来。
叶同旋覆无殊种，花似丹参一样开。
管使瘿瘤消结气，却教瘰疬未成堆。
厥阴血脉能滋养，目痛肝虚素所推。

六月

28

星期四

农历五月十五

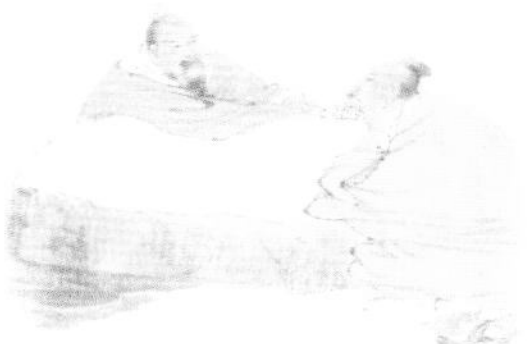

主产湖南、河南等地。以条长、肥壮、色黄白、光润、半透明、味甜者为佳。

性 味:甘,微寒。

功 效:养阴润燥,生津止渴。

2018

本草
光阴

农历戊戌年

中药文化养生日历

六月

29

星期五

农历五月十六

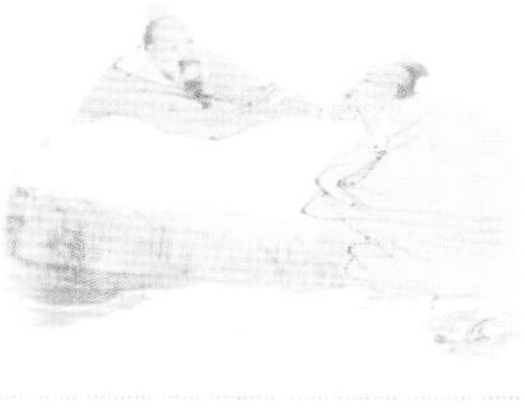

玉竹

Polygonatum odoratum

养生药膳

玉竹沙参煲老鸭

配　方: 玉竹50克,北沙参50克,老姜3片,老鸭1只,调料适量。

制　作: 老鸭洗净,切块,放入砂锅,加水煮开后,转小火,撇去浮末;玉竹、沙参洗净,放入锅中;加入料酒,转小火煲2个小时,加盐调味即可。

功　效: 滋阴润燥。

文化故事

其叶光荧而像竹,根茎单一,茎干强直,似竹箭杆,多节,故得玉竹美名。此草根长多须,如冠缨下垂之状而有威仪,故又名葳蕤。

2018

本草光阴

农历戊戌年

中　药　养　生
文　化　日　历

六月

30

星期六

农历五月十七

白果

本草光阴

中药养生
文化日历

百合

Lilium lancifolium

以肉厚、无杂质者为佳。

性 味:甘,寒。

功 效:养阴润肺,清心安神。

2018

农历戊戌年

本草光阴

中药养生
文化日历

七月

1

星期日

农历五月十八

建党节

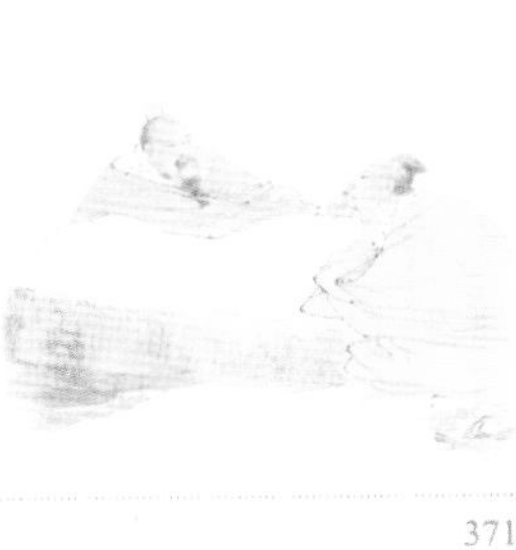

百合

Lilium lancifolium

养生药膳

百合银耳雪梨汤

配 方：百合 30 克，雪梨 1 个，银耳 40 克，蜂蜜适量。

制 作：雪梨洗净去核，切块；百合、银耳分别泡发洗净；将雪梨、百合、银耳放入锅中，加入适量的水，煮至熟透，调入蜂蜜搅拌即可食用。

功 效：养阴润肺。

文化故事

百合的根茎呈众鳞紧抱，如球形一般，故名百合。古人常将它作为吉祥的象征，寄有“百年和合偕老”之意。

七月

2

星期一

农历五月十九

大黄

Rheum palmatum

主产甘肃、青海等地。以个大、质坚实、气味浓者为佳。

性 味:苦,寒。

功 效:泻下攻积,清热泻火,凉血解毒,逐瘀通经,除湿退黄。

2018

农历戊戌年

本草光阴

中药养生文化日历

七月

3

星期二

农历五月二十

大黄

Rheum palmatum

养生药膳

枳实大黄玉米糕

配　方：大黄 2 克，枳实 10 克，决明子 5 克，玉米面 400 克，白糖适量。

制　作：以上药物共研细末；药粉与玉米面拌匀，加入白糖和水，揉匀成团，放入蒸笼内，摊平，蒸 30~40 分钟，熟透取出即可。

功　效：行气导滞，泻下通便。

文化故事

大黄以根部入药，根茎粗大，其根色黄，故言大黄；其性峻猛，其势直下，如同征战沙场的骠勇悍将，素有“将军”的美称。

七月

4

星期三

农历五月廿一

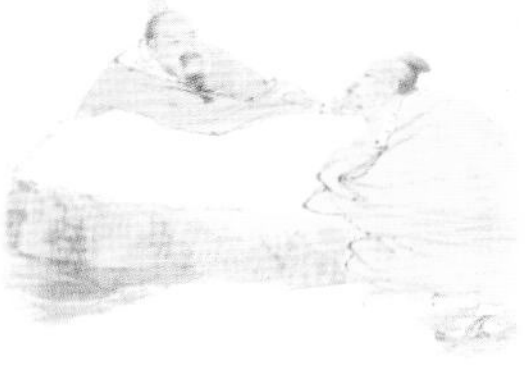

车前草

Plantago asiatica

性 味:甘,寒。

功 效:清热利尿通淋,祛痰,明目,凉血,解毒。

七月

5

星期四

农历五月廿二

车前草

Plantago asiatica

养生药膳

车前野苋汤

配　方: 红色野苋菜、车前草各 50 克,白糖适量。

制　作: 车前草、野苋菜洗净,入砂锅,加水煮沸,去渣取汁,白糖调味即可。

功　效: 清热利尿止血。

文化故事

汉代名将马武率军征讨羌人,时值炎夏,水源污秽,士兵出现小便不利、尿中带血,服用了战车前面的几株小草而愈。因其长于车前,遂命名为车前草。

2018

本草光阴

农历戊戌年

中药养生文化日历

七月

6

农历五月廿三

星期五

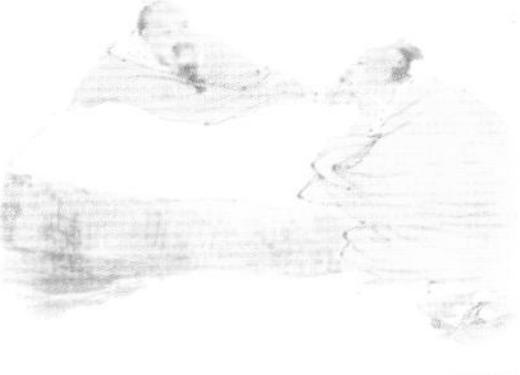

西瓜翠衣

Citrullus lanatus

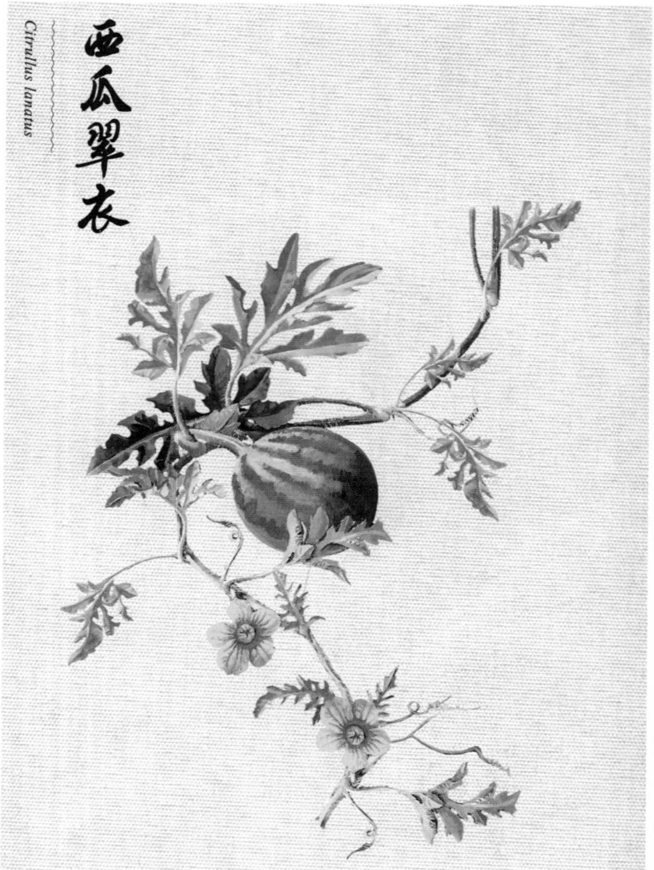

性 味:甘,凉。

功 效:解暑清热,生津止渴,通利小便。

2018

本草光阴

农历戊戌年

中药养生文化日历

七月

7

星期六

农历五月廿四

小暑

Citrullus lanatus

西瓜翠衣

养生药膳

西瓜皮排骨汤

配 方: 西瓜皮 800 克,猪排骨 120 克,调料适量。

制 作: 西瓜皮洗净,切块成丁;排骨洗净,加水煮沸后,入西瓜皮,再用小火煮 10 分钟后,加少许盐调味,即可食用。

功 效: 清热解暑,除烦止渴。

文化故事

《西瓜》(宋)顾逢

多处淮乡得,天然碧玉团。

破来肌体莹,嚼处齿牙寒。

清敌炎威退,凉生酒量宽。

东门无此种,雪片簇冰盘。

2018

农历戊戌年

本草光阴

中药养生文化日历

七月

8

星期日

农历五月廿五

牡丹皮

Paeonia suffruticosa

主产安徽、四川、河南等地。以皮厚、无木心、断面白色、粉性足、香气浓、结晶多者为佳。

性 味：苦、辛，微寒。

功 效：清热凉血，活血化瘀。

2018

农历戊戌年

本草光阴

中药养生文化日历

七月

星期一

9

农历五月廿六

牡丹皮

Paeonia suffruticosa

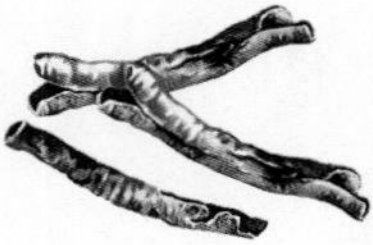

养生药膳

牡丹皮地骨皮炖老鸽

配 方：牡丹皮、地骨皮各15克，老鸽1只，调料适量。

制 作：牡丹皮、地骨皮洗净；老鸽洗净，去内脏；以上食材与生姜一起放入炖盅，加入适量开水，加盖隔水炖2个小时，调味即可。

功 效：清热养阴，凉血止血。

文化故事

《赏牡丹》（唐）刘禹锡

庭前芍药妖无格，池上芙蕖净少情。

唯有牡丹真国色，花开时节动京城。

2018

农历戊戌年

本草光阴

中药文化养生日历

七月

10

星期二

农历五月廿七

石菖蒲

Acorus tatarinowii

主产四川、浙江等地。以断面色类白、香气浓者为佳。

性 味:辛、苦,温。

功 效:豁痰开窍,醒神益智,化湿开胃。

2018

本草光阴

农历戊戌年

中药养生文化日历

七月

11

星期三

农历五月廿八

石菖蒲

Acorus tatarinowii

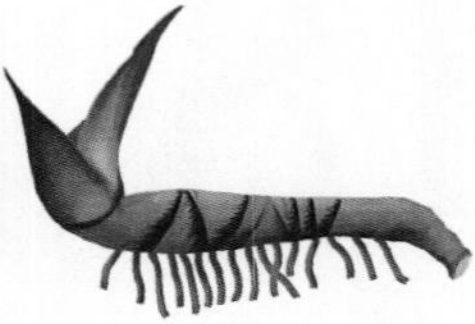

养生药膳

远志菖蒲养心汤

配 方：远志、石菖蒲各15克，鸡心300克，胡萝卜50克。

制 作：将鸡心洗净后用沸水汆烫，挤出血块；石菖蒲、远志放入纱布袋扎紧，与胡萝卜入锅煮汤，再放鸡心熬煮，熟后拣去药袋。

功 效：宁心安神。

文化故事

生于石上、石缝间，根须扎于石缝，不随水流方向生长，挺立水中，性坚如石，故以"石"名；"菖蒲"则言其生长旺盛、生命力强。

2018

本草光陰

农历戊戌年

中药养生文化日历

七月

12

星期四

农历五月廿九

广藿香

Pogostemon cablin

主产广东、海南等地。以茎粗壮、叶多、香气浓厚者为佳。

性 味：辛，微温。

功 效：芳香化浊，和中止呕，发表解暑。

2018

农历戊戌年

本草光阴

中药养生
文化日历

七月

13

农历六月初一

星期五

广藿香

Pogostemon cablin

养生药膳

藿香蒸鲫鱼

配　方:藿香 15 克,鲫鱼 1 条,调料适量。

制　作:鲫鱼宰杀洗净;藿香洗净;鲫鱼和藿香放入碗中,加入盐调味,放入蒸锅清蒸至熟即可。

功　效:解暑化湿。

文化故事

《本草诗·藿香》(清)赵瑾叔

藿香入药叶多功,洁古东垣用颇同。

佳种自生边海外,奇香半出佛经中。

安胎不使酸频吐,正气须知暑可攻。

噙漱口中能洗净,免教恶秽气犹冲。

2018

农历戊戌年

本草光阴

中药养生
文化日历

七月

14

星期六

农历六月初二

莲子

Nelumbo nucifera

主产福建、湖南、江苏等地池沼湖塘中。以个大、饱满者为佳。

性 味：甘、涩，平。

功 效：补脾止泻，止带，益肾涩精，养心安神。

2018

农历戊戌年

本草光阴

中药文化养生日历

七月

15

星期日

农历六月初三

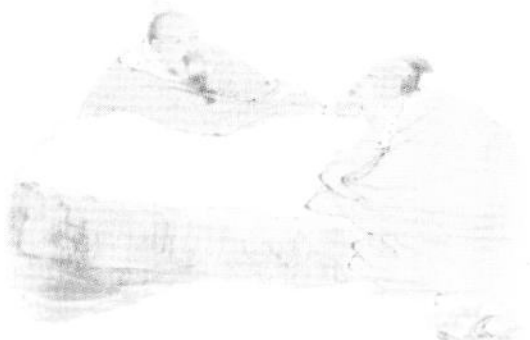

莲子

Nelumbo nucifera

养生药膳

莲子粥

配 方:莲子 20 克,粳米 100 克,白糖适量。

制 作:莲子泡水,擦去表层,抽去莲心,放入锅内,加清水煮熟,备用;粳米洗净,放入锅中加水煮粥,粥熟后掺入莲子,冰糖调味即可。

功 效:养心安神。

文化故事

《西洲曲(节选)》南朝乐府民歌

开门郎不至,出门采红莲。

采莲南塘秋,莲花过人头。

低头弄莲子,莲子清如水。

置莲怀袖中,莲心彻底红。

七月

16

星期一

农历六月初四

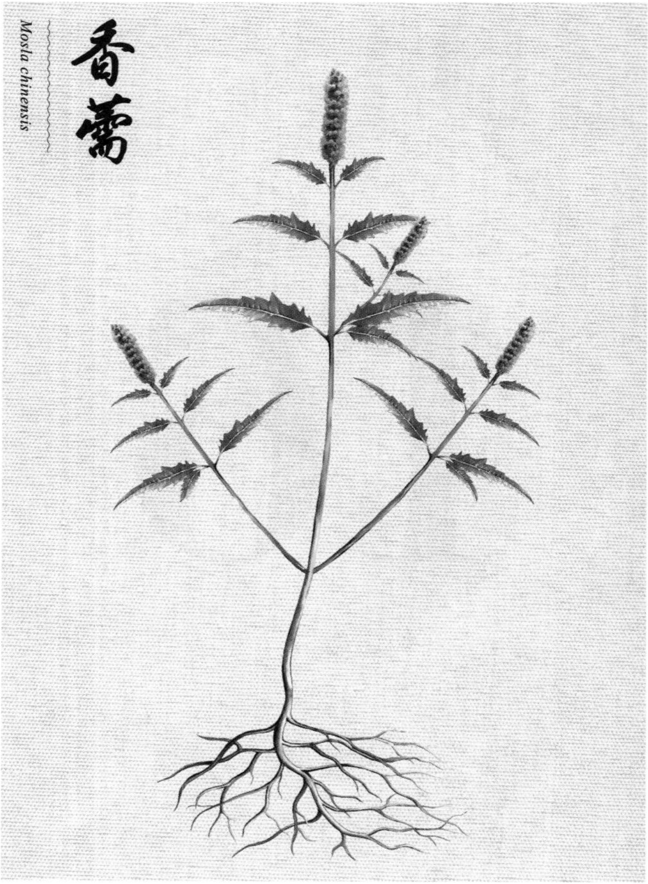

主产江西、广西等地。以枝嫩、穗多、香气浓者为佳。

性　味：辛，微温。

功　效：发汗解表，化湿和中，利水消肿。

七月

17

星期二

农历六月初五

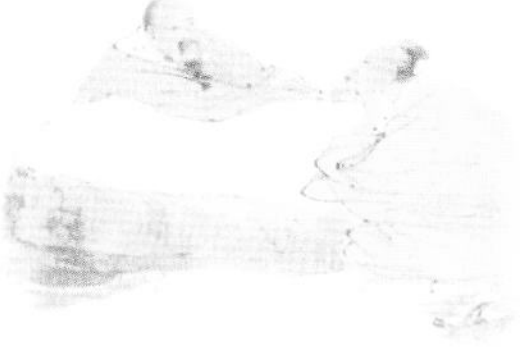

香薷

Mosla chinensis

养生药膳

香薷饮

配　方：香薷10克，白扁豆、厚朴各5克，白糖适量。

制　作：香薷、白扁豆、厚朴洗净，放入砂锅，加水煮沸，去渣取汁，放入白糖，调味即可饮用。

功　效：解表散寒，化湿和中。

文化故事

“薷”本作“葇”。《本草纲目》：“葇，(香)菜、苏之类是也。”可见葇的本意就是芳香的植物。其气香，其叶葇，故得香薷之名。

2018

本草光阴

农历戊戌年

中药文化养生日历

七月

18

农历六月初六

星期三

菟丝子

Cuscuta chinensis

主产江苏、辽宁等地。以颗粒饱满者为佳。

性 味: 辛、甘,平。

功 效: 补肾固精,养肝明目,健脾止泻,固冲安胎。

七月

19

农历六月初七

星期四

Cuscuta chinensis

菟丝子

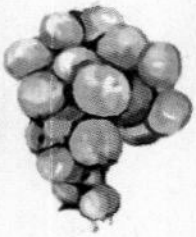

养生药膳

菟丝苁蓉饮

配　方:菟丝子10克,肉苁蓉10克,枸杞20颗,冰糖适量。

制　作:菟丝子、肉苁蓉、枸杞洗净,一同放入锅内加水适量,煲20分钟,冰糖调味即可。

功　效:补肝肾,益精血。

文化故事

传说一财主家饲养的兔子腰部摔伤,长工将它藏进豆地。伤兔啃缠豆秸上的黄丝藤,不久竟然腰伤痊愈。由此黄丝藤被称为菟丝子。

2018

本草光阴

农历戊戌年

中药养生文化日历

七月

20

星期五

农历六月初八

以茎红棕色、质嫩、叶多者为佳。

性 味:苦、涩,平。

功 效:收敛止血,截疟,止痢,解毒,补虚。

2018

本草光阴

农历戊戌年

中药养生文化日历

七月

21

星期六

农历六月初九

仙鹤草

Agrimonia pilosa

养生药膳

仙枣汤

配 方:仙鹤草 30 克,大枣 5 枚,白糖少许。

制 作:仙鹤草、大枣洗净,加入适量水煎煮,取药液,加入白糖调味即可。

功 效:止血补虚。

文化故事

从前一秀才在进京赶考的路上,突然鼻血不止。一仙鹤从其前飞过,落下一草,秀才捡起咀嚼此草后,鼻血止住了。从此该草便命名为仙鹤草。

2018

农历戊戌年

本草光阴

中药文化养生日历

七月

22

星期日

农历六月初十

淡竹叶

Lophatherum gracile

主产浙江、江苏等地。以叶多质软、色青绿、不带根及花穗者为佳。

性 味：甘、淡，寒。

功 效：清热泻火，除烦止渴，利尿通淋。

2018

农历戊戌年

本草光阴

中药养生文化日历

七月

23

星期一

农历六月十一

大暑

淡竹叶

Lophatherum gracile

养生药膳

淡竹叶粥

配　方：淡竹叶30克，粳米100克，白糖适量。

制　作：淡竹叶洗净，粳米淘洗干净；淡竹叶水煮沸取汁，加水和粳米，再续煮至粥成，以白糖调味即可。

功　效：清热除烦，生津利尿。

文化故事

建安十九年，张飞攻打曹军大将张郃，张郃筑寨拒敌。张飞急火攻心，口舌生疮。诸葛亮闻讯，送来50瓮佳酿，张飞饮用后心火渐消。这佳酿便是淡竹叶汤。

七月

24

星期二

农历六月十二

决明子

Cassia obtusifolia

主产安徽、江苏、广东等地。

性 味:辛、苦,寒。

功 效:清肝明目,润肠通便。

2018

本草光阴

农历戊戌年

中药养生
文化日历

七月

25

星期三

农历六月十三

决明子

Cassia obtusifolia

养生药膳

决明子粥

配　方:决明子 15 克,粳米 50 克,冰糖适量。

制　作:将决明子放锅内炒至微有香气,待冷却后加水煎汁,去渣,加入粳米煮粥,粥将成时加入冰糖,再煮一二沸即可食用。

功　效:清肝明目,润肠通便。

文化故事

《秋雨叹三首·其一》(唐)杜甫

雨中百草秋烂死,阶下决明颜色鲜。
著叶满枝翠羽盖,开花无数黄金钱。
凉风萧萧吹汝急,恐汝后时难独立。
堂上书生空白头,临风三嗅馨香泣。

2018

农历戊戌年

本草光阴

中药养生文化日历

七月

26

星期四

农历六月十四

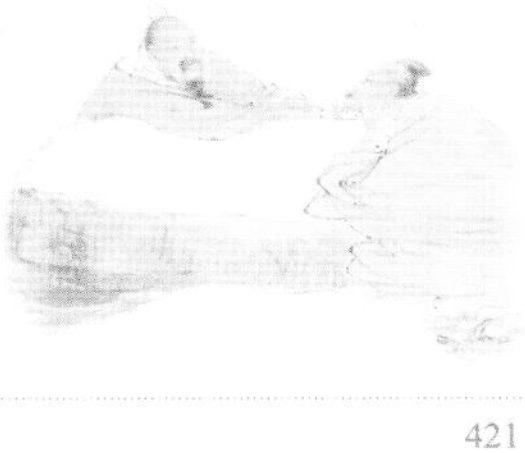

茯苓

Poria cocos

主产湖北、安徽、云南等地。以体重坚实、外皮色棕褐无裂隙、粘牙力强者为佳。

性 味:甘、淡,平。

功 效:利水渗湿,健脾,宁心。

2018 本草光阴

农历戊戌年

中药养生文化日历

七月

27

星期五

农历六月十五

茯苓

Poria cocos

养生药膳

茯苓饼

配　方：茯苓200克，糯米粉200克，白砂糖100克。

制　作：将茯苓磨成细粉，加糯米粉、白糖，加水适量，调成糊状，以微火在平锅里摊烙成薄饼即可食用。

功　效：健脾补中，宁心安神。

文化故事

又名“松腴”。山中古松，被砍伐日久，无枝叶新生者，根所吸收的精气下沉于土中，发泄于外，结成了茯苓。松树最为肥沃的精气，孕集成了茯苓。

七月

28

星期六

农历六月十六

马齿苋

Portulaca oleracea

性　味:酸,寒。

功　效:清热解毒,凉血止痢。

七月

29

星期日

农历六月十七

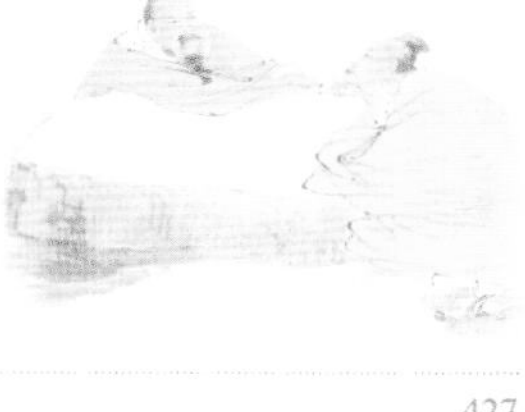

马齿苋

Portulaca oleracea

养生药膳

凉拌马齿苋

配　方：马齿苋 500 克，蒜、醋、香油等适量。

制　作：马齿苋洗净，放入锅中烫熟捞出；蒜切碎放入碗中，加入香油、盐、醋、生抽调成凉拌汁；放入马齿苋搅拌均匀即可食用。

功　效：清热解毒，祛湿止痢。

文化故事

相传上古时，天上有十个太阳，后羿射落九个，最后一个幸存的太阳藏在马齿苋下。为报答马齿苋，即使盛夏，马齿苋也生长旺盛，故有太阳草、报恩草之名。

七月

30

星期一

农历六月十八

黄芩

Scutellaria baicalensis

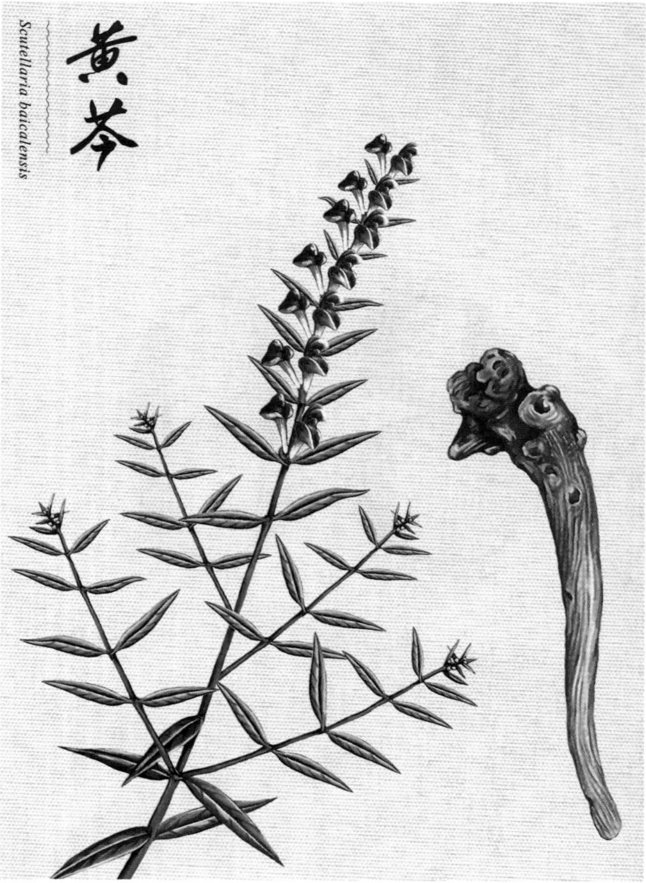

主产河北、山西等地。以条长、质坚实、色黄、味苦者为佳。

性 味:苦,寒。

功 效:清热燥湿,泻火解毒,凉血安胎。

七月

31

星期二

农历六月十九

使君子

Quisqualis indica

主产四川、广东等地。

性 味：甘，温。

功 效：杀虫消积。

八月

1

星期三

农历六月二十

建军节

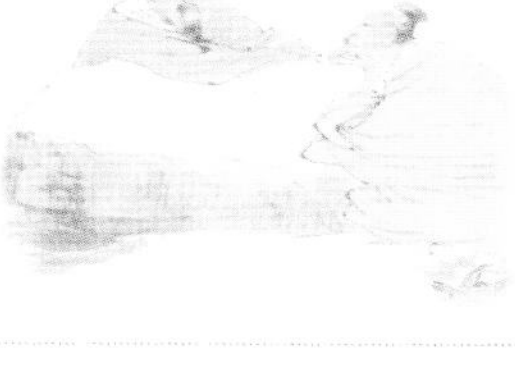

使君子

Quisqualis indica

养生药膳

使君子肉饼

配　方：使君子30克，瘦猪肉250克，调料适量。

制　作：使君子去壳取肉，捣碎；瘦猪肉洗净剁碎，加入少许盐；使君子、瘦猪肉同与面粉混合均匀，放入锅中蒸熟即可。

功　效：补虚祛虫。

文化故事

相传北宋景祐元年（1034），闽南一带瘟疫流行，疫区人亡田荒。名医吴本带徒弟四处采药救治，见大家面黄肌瘦，患有虫病，给服使君子获愈。

2018

农历戊戌年

本草光阴

中药文化养生日历

八月

2

星期四

农历六月廿一

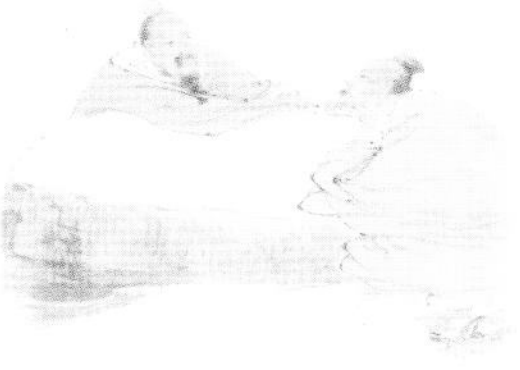

白前

Cynanchum stauntonii

主产浙江、江苏等地。以根茎粗、须根长者为佳。

性 味:辛、苦,微温。

功 效:温肺降气,消痰止咳。

八月

3

星期五

农历六月廿二

白前

Cynanchum stauntonii

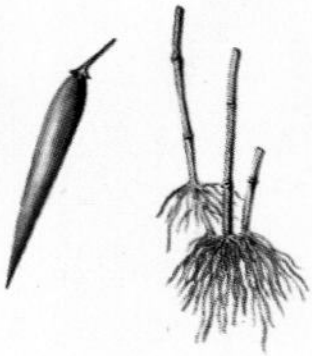

养生药膳

白前粥

配　方: 白前 10 克,大米 100 克。

制　作: 将白前洗净,放入锅中,加清水适量,浸泡 5~10 分钟后,水煎取汁;再加入大米煮粥即可。

功　效: 祛痰止咳。

文化故事

《说文解字》认为:“前者,断齐也。”“前”的本意是折断,强调了白前粗长坚直而易断的特点。其根色白,其质脆易折断,故名白前。

八月

4

星期六

农历六月廿三

白果

Ginkgo bilob

以粒大、壳色黄白、种仁饱满、断面色淡黄者为佳。

性 味:甘、苦、涩,平。

功 效:敛肺定喘,止带缩尿。

2018

农历戊戌年

本草光阴

中药养生
文化日历

八月

5

星期日

农历六月廿四

白果

Ginkgo bilob

养生药膳

白果鸡丁

配　方：鸡肉650克，白果250克，调料适量。

制　作：鸡肉切丁，盐、生粉拌匀；白果入油锅炸至半熟剥去内膜；鸡丁翻炒，放入白果，炒至鸡肉熟时放入葱、料酒翻炒即可。

功　效：敛肺化痰平喘。

文化故事

《德远叔坐上赋肴核八首银杏》（南宋）杨万里

深灰浅火略相遭，小苦微甘韵最高。

未必鸡头如鸭脚，不妨银杏伴金桃。

八月

星期一

6

农历六月廿五

枇杷叶

Eriobotrya japonica

主产江苏、浙江等地。以叶片完整、色灰绿者为佳。

性 味:苦,微寒。

功 效:清肺止咳,降逆止呕。

2018

农历戊戌年

本草光阴

中药养生文化日历

八月

7

星期二

农历六月廿六

立秋

立秋

枇杷叶

Eriobotrya japonica

养生药膳

冬瓜豆腐枇杷叶汤

配 方:枇杷叶5g,冬瓜、豆腐各100g,盐适量。

制 作:将枇杷叶用纱布包好,与冬瓜、豆腐共置锅里,加水煮沸10分钟,挑出枇杷叶袋,调入盐即可。

功 效:清肺止咳,润燥消肿。

文化故事

清代一名杨孝廉的人,因其母积劳成疾而咳嗽不止,求医于叶天士。叶天士传授其炼制一种膏方,有川贝、枇杷叶等药材。其母在服用该膏后,多年顽咳获愈。

2018

本草光阴

农历戊戌年

中药养生文化日历

八月

8

星期三

农历六月廿七

白蔹

Ampelopsis japonica

主产河南、安徽等地。以块大、断面色粉白、粉质足者为佳。

性　味:苦、辛,微寒。

功　效:清热解毒,消痈散结,敛疮生肌。

八月

9

星期四

农历六月廿八

Ampelopsis japonica

白蔹

养生药膳

白蔹粥

配　方: 白蔹 10 克,粳米 100 克,白糖适量。

制　作: 白蔹洗净,放入锅中,加水适量,水煎取汁;药液中加粳米煮粥,待粥熟时下白糖,再煮一二沸即可。

功　效: 清热解毒,消痈散结。

文化故事

白蔹原名白敛,其根似天门冬,一株下有十许根,皮赤黑,肉白如芍药,其浆果成熟时亦呈白色,古人多用以敛疮,其从"艹",故名白蔹。

八月

10

农历六月廿九

星期五

白薇

Cynanchum atratum

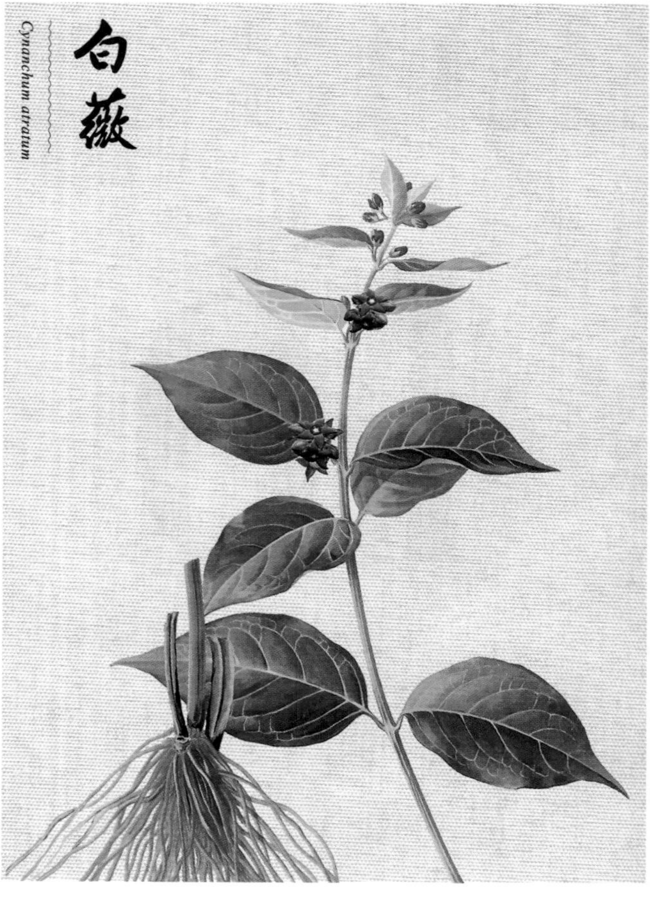

主产安徽、辽宁等地。以根粗长、色棕黄者为佳。

性 味：苦、咸，寒。

功 效：清虚热，凉血，利尿通淋，解毒疗疮。

2018

本草光阴

农历戊戌年

中药养生文化日历

八月

11

农历七月初一

星期六

Cynanchum atratum

白薇

养生药膳

黑白凤爪汤

配　方: 白薇 20 克,黑大豆 150 克,鸡爪 300 克。

制　作: 白薇用纱布包裹,扎紧;锅中放水,加入黑豆、白薇及鸡爪,用大火煮沸,撇去浮沫,加入料酒后改小火烩至黑豆、鸡爪均酥,加盐、味精调味即可。

功　效: 清热凉血,滋阴补肾。

文化故事

白薇在古代曾作为一种蔬菜食用,其根细而多,外表色白,体内具有白色乳汁,故名白薇。正如《本草纲目》记载:“微,细也。其根细而白也。”

2018

农历戊戌年

本草光阴

中药养生文化日历

八月

12

星期日

农历七月初二

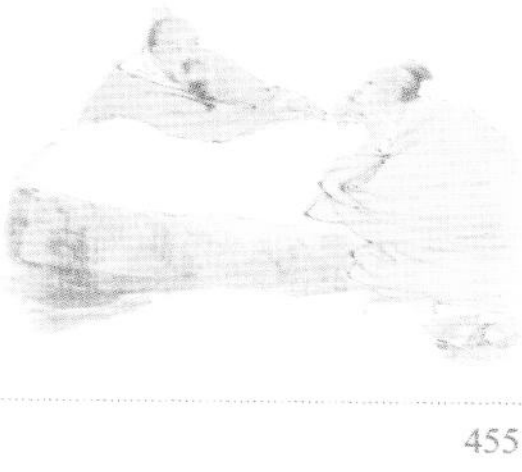

白茅根

Imperata cylindrica

性 味:甘,寒。

功 效:凉血止血,清热利尿。

八月

13

星期一

农历七月初三

白茅根

Imperata cylindrica

养生药膳

白茅根瘦肉汤

配 方：白茅根 60 克，瘦猪肉 250 克，盐 3 克。

制 作：白茅根洗净，切段；猪瘦肉洗净，切块；将白茅根、猪肉一起放入锅内，加清水适量，武火煮沸后，文火煮 1 小时，调味即可。

功 效：清热泻火，益气生津。

文化故事

白茅根叶片呈线形或线状披针形，先端渐尖如茅，得名“茅”。正如《本草纲目》记载：“茅叶如矛，故谓之茅。”其药用部位为根，其根洁白，故名白茅根。

2018

农历戊戌年

本草光阴

中药养生文化日历

八月

14

星期二

农历七月初四

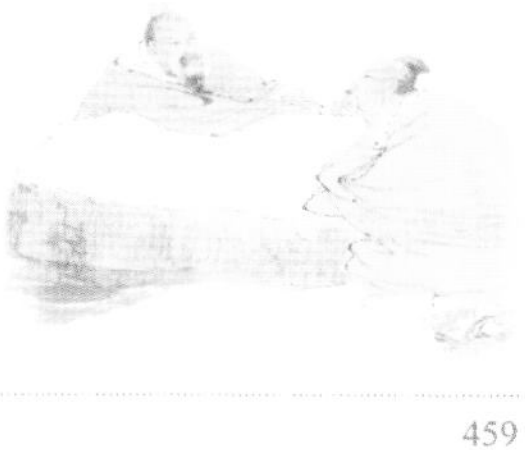

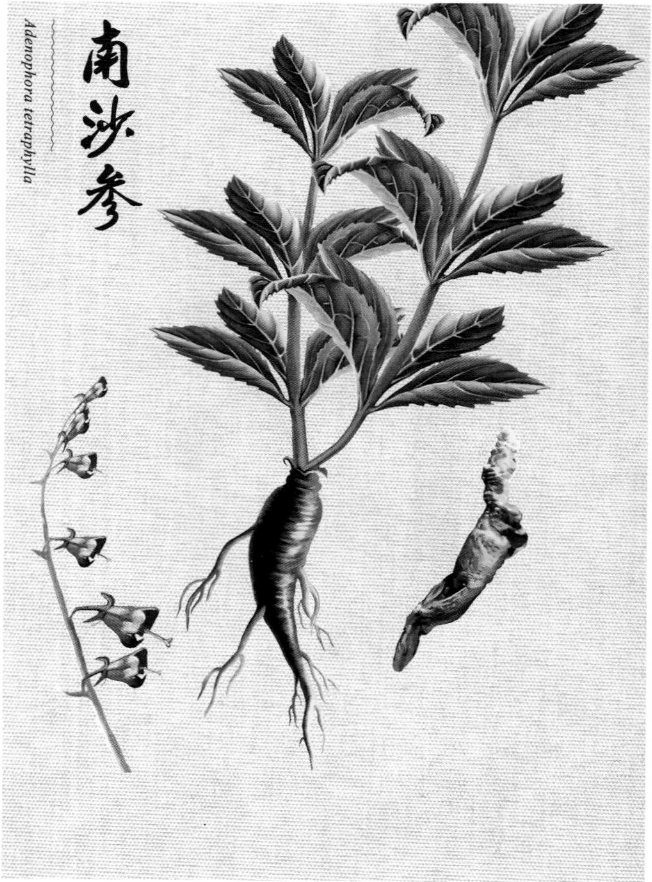

主产安徽、浙江等地。

性 味:甘,微寒。

功 效:养阴清肺,益胃生津,化痰,益气。

2018

本草光阴

农历戊戌年

中药养生文化日历

八月

星期三

15

农历七月初五

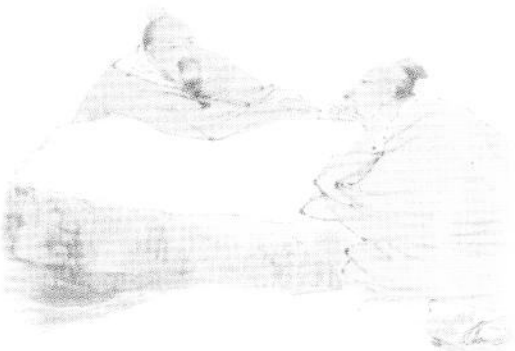

南沙参

Adenophora tetraphylla

养生药膳

沙参粥

配　方：南沙参25克，粳米100克，冰糖适量。

制　作：南沙参洗净，用冷水浸软，冰糖打碎；锅加入冷水、沙参，煮沸后去药渣，加入粳米，用旺火煮开后改小火续煮至粥成，加入冰糖，再沸即可。

功　效：祛痰止咳，养阴润肺。

文化故事

沙参在古代本草中并无南北之分。至明末清初，沙参始有南北两种，北者质坚性寒，南者体虚力微，功同北沙参而力稍逊。

八月

16

星期四

农历七月初六

天冬

Asparagus cochinchinensis

主产贵州、四川等地。以条粗壮、色黄白、半透明者为佳。

性 味：甘、苦，寒。

功 效：养阴润燥，清肺生津。

2018

本草光阴

八月

17

星期五

农历七月初七

七夕节

天冬

Asparagus cochinchinensis

养生药膳

天冬烧乳鸽

配　方：天冬20克，乳鸽1只，胡萝卜30克，调料适量。

制　作：天冬用水洗净；胡萝卜去皮、洗净、切块；乳鸽洗净切块；将炒锅置武火上烧热，加入素油，下入生姜、葱爆香；下入乳鸽、料酒，炒变色，加入天冬、胡萝卜、白糖、酱油及清汤少许，烧熟，调味即可。

功　效：清热生津，养阴润肺。

文化故事

生于奉高山谷，传说此山最高，上奉于天，故得“天”之名。其形态、性味与麦门冬类似，故名天门冬，简作天冬。

2018

农历戊戌年

本草光阴

中药养生文化日历

八月

18

星期六

农历七月初八

主产广西、贵州、广东等地。

性 味：甘，微寒。

功 效：益胃生津，滋阴清热，明目。

2018

农历戊戌年

本草光阴

中药养生文化日历

八月

19

星期日

农历七月初九

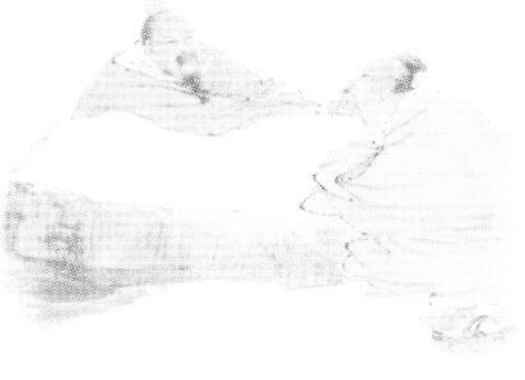

石斛

Dendrobium nobile

养生药膳

石斛老鸭盅

配　方：石斛5克，鸭腿2只，火腿数片，调料适量。

制　作：石斛洗净；鸭腿过沸水后切块，加入盐、生姜、火腿片、料酒、水，炖20分钟；将炖好的鸭汤与石斛一同装入炖盅里，放进蒸箱蒸1个小时后，调味即可。

功　效：养阴和胃，健脾补中。

文化故事

石斛丛生于水旁石上而名之以石；又石是古代粮食的容量单位，十斗为一石，意同“斛”。因其生长不易，采摘也难，价值连城，以谷十斗计，故以为名。

八月

20

星期一

农历七月初十

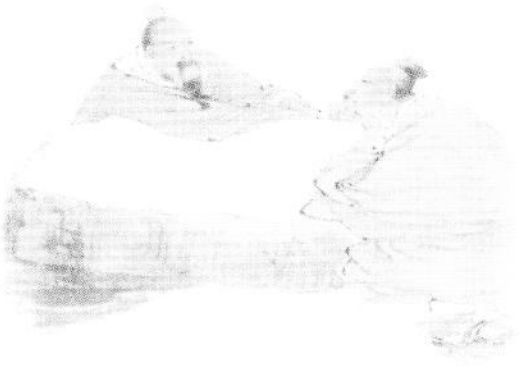

胖大海

Sterculia lychnophora

主产越南、泰国、印尼等地。

性 味:甘,寒。

功 效:清热润肺,利咽开音,润肠通便。

八月

21

星期二

农历七月十一

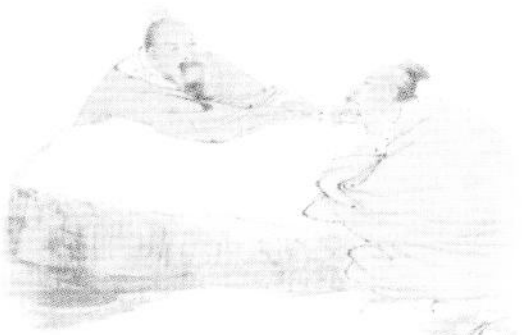

胖大海

Sterculia lychnophora

养生药膳

胖大海雪梨羹

配 方: 胖大海5枚,雪梨2个,冰糖适量。

制 作: 胖大海洗净,去皮去核;雪梨去皮切丁;胖大海小火煮烂,加入梨肉;雪梨酥烂,放入冰糖;小火焖煮5分钟即可饮用。

功 效: 清热润肺,利咽开音。

文化故事

浸水前,胖大海呈梭形,有皱纹、黑褐色,浸水后逐渐膨大成海绵状,而且随着浸泡时间的延长而慢慢膨胀,如浸在海里发胖之意,故名。

2018 本草光阴

农历戊戌年

中药养生文化日历

八月

22

星期三

农历七月十二

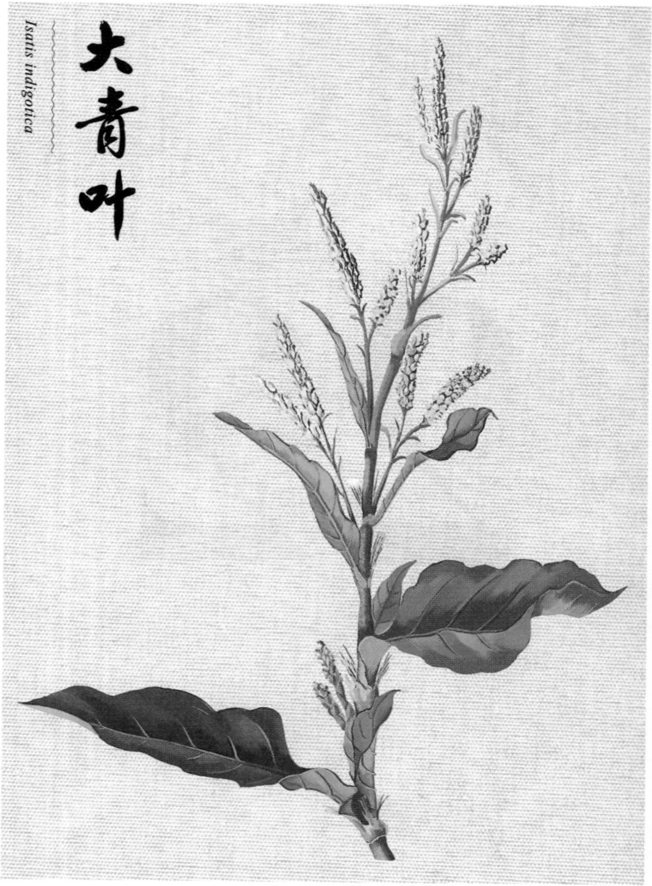

主产河北、江苏等地。以叶片完整、色暗灰绿者为佳。

性 味：苦，大寒。

功 效：清热解毒，凉血消斑。

2018

农历戊戌年

本草光阴

中药文化养生日历

八月

23

星期四

农历七月十三

处暑

处暑

大青叶

Isatis indigotica

养生药膳

大青叶炖鲜藕

配 方：大青叶 20 克，藕 250 克，调料适量。

制 作：大青叶洗净，放入锅内，加清水烧沸，煎煮 25 分钟，去渣留汁备用；鲜藕去皮洗净，切成条放入锅内，加入药液文火煮 30 分钟，调味即可。

功 效：清热凉血。

文化故事

大青叶为植物的干燥叶片。李时珍："其茎叶皆深青，故名。"根入药名板蓝根；叶经加工后得到的干燥粉末称为青黛，古代用以染布、点眉。

2018

本草光阴

农历戊戌年

中药文化养生日历

八月

24

星期五

农历七月十四

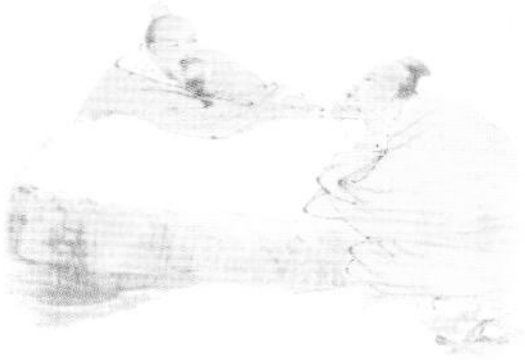

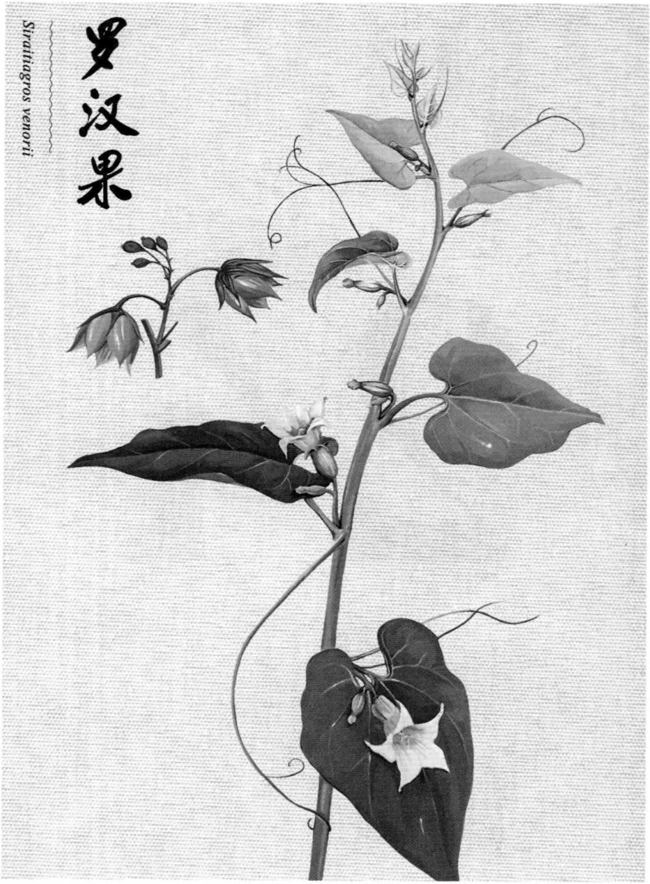

主产广西、广东、江西等地。

性 味:甘,凉。

功 效:清热润肺,利咽开音,滑肠通便。

2018

本草光阴

农历戊戌年

中药养生文化日历

八月

25

星期六

农历七月十五

中元节

罗汉果

Siraitiagros venorii

养生药膳

罗汉果猪肺汤

配　方: 猪肺 250 克,罗汉果 1 个,调料适量。

制　作: 猪肺洗净切块,氽水,挤出气泡;罗汉果洗净切块,和猪肺一起放入锅内,加适量水煮汤,调味即可。

功　效: 养阴清肺,利咽润喉。

文化故事

《赋罗汉果》(南宋)林用中

团团硕果自流黄,罗汉芳名托上方。

寄语山僧留待客,多些滋味煮成汤。

2018

农历戊戌年

本草光阴

中药养生
文化日历

八月

26

星期日

农历七月十六

苦杏仁

Prunus armeniaca

主产东北、华北及西北等地。以颗粒饱满、味苦者为佳。

性 味:苦,微温。有小毒。

功 效:降气止咳平喘,润肠通便。

八月

27

星期一

农历七月十七

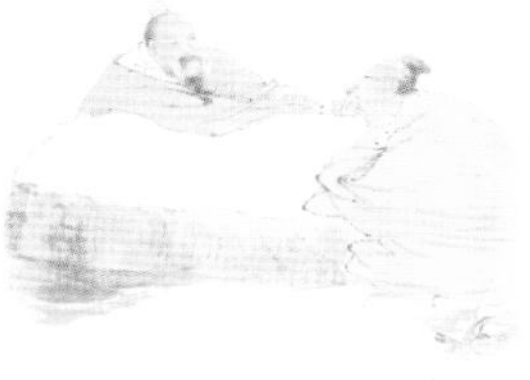

苦杏仁

Prunus armeniaca

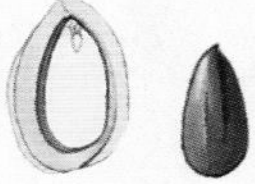

养生药膳

杏仁奶茶

配　方:甜杏仁 200 克,白糖 200 克,牛奶 250 克,清水适量。

制　作:先将杏仁磨细过滤,加清水和白糖煮沸,再加入牛奶,即可饮用。

功　效:润肺止咳,润肠通便。

文化故事

《神仙传》记:三国时期,董奉隐居庐山,为人治病,不取分文。病重者植杏五株,轻者植一株,数年计十万余株,郁然成林,自号"董仙杏林"。

2018

本草光阴

农历戊戌年

中药养生文化日历

八月

星期二

28

农历七月十八

侧柏叶

Platycladus orientalis

主产山东、河南、河北等地。

性 味：苦、涩，寒。

功 效：凉血止血，化痰止咳，生发乌发。

2018

本草光阴

农历戊戌年

中药养生文化日历

八月

星期三

29

农历七月十九

Platycladus orientalis

侧柏叶

养生药膳

侧柏叶粥

配 方:侧柏叶 10 克,粳米 100 克,白糖少许。

制 作:侧柏叶洗净,放入锅中,加清水适量,水煎取汁;药液中加粳米煮粥,待熟时调入白糖即可。

功 效:凉血止血,祛痰止咳。

文化故事

侧柏枝叶,非向正中四周外展生长,而是向上直展或斜展,侧生排成一平面,层层叠叠,状如云母,皆指于西。入药唯取叶扁而侧生者,故名。

八月

30

星期四

农历七月二十

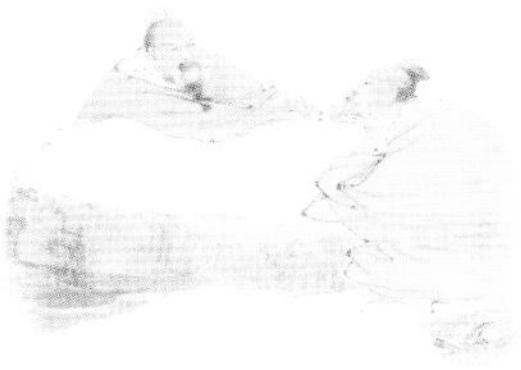

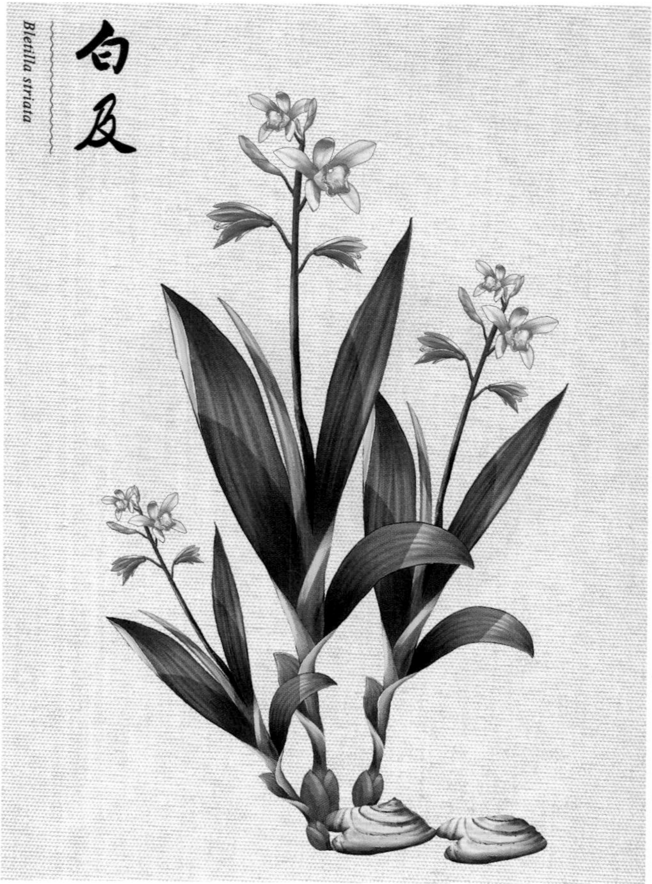

主产贵州、四川等地。以个大、饱满、半透明、质坚实者为佳。

性　味：苦、甘、涩，寒。

功　效：收敛止血，消肿生肌。

八月

31

星期五

农历七月廿一

白及

Bletilla striata

养生药膳

白及蒸鸡蛋

配 方: 白及 30 克,鸡蛋 4 个,鸡汤 1000 毫升,调料适量。

制 作: 将白及放入鸡汤内,用小火煮 1 小时,去渣备用;鸡蛋与白及汤打在一起,加盐、酒、酱油等调味;将碗放入蒸笼,用小火蒸,待蒸至蛋有凝结现象时,再蒸 5~6 分钟即可。

功 效: 健脾益气,收敛止血。

文化故事

《本草诗·白及》(清)赵瑾叔

草名连及遍山隅,性腻须知好作糊。

菱米根同差足拟,箬兰花发果堪娱。

劳伤吐血偏能止,痈肿排脓亦可敷。

不信肺间填窍穴,临刑剖看一囚徒。

2018

农历戊戌年

本草光阴

中药养生文化日历

九月

1

星期六

农历七月廿二

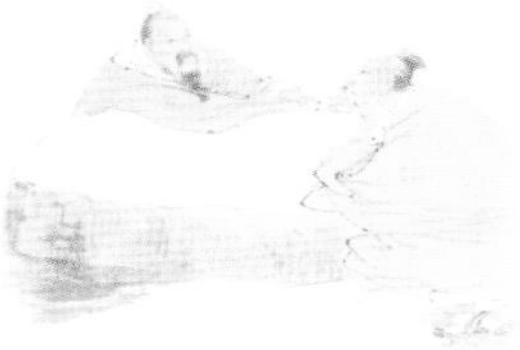

川贝母

Fritillaria cirrhosa

主产四川、甘肃、青海等地。以质坚实、粉性足、色白者为佳。

性 味：苦、甘，微寒。

功 效：清热润肺，化痰止咳，散结消痈。

2018

本草光阴

农历戊戌年

中药文化 养生日历

九月

2

农历七月廿三

星期日

川贝母

Fritillaria cirrhosa

养生药膳

清炖川贝豆腐

配　方:川贝母 15 克,豆腐 300 克,冰糖适量。

制　作:豆腐洗净,放入炖盅中,备用;川贝母研末,与冰糖一同入炖盅,加水,上笼以文火炖约 1 小时即可。

功　效:清热化痰,润肺止咳。

文化故事

根如众多小贝齿聚集,圆而白,故名贝母;主产四川地区,故名川贝;其外层两瓣鳞叶紧紧抱合,顶端闭口而尖,故又名尖贝。

九月

3

农历七月廿四

星期一

蒲黄

Typha angustifolia

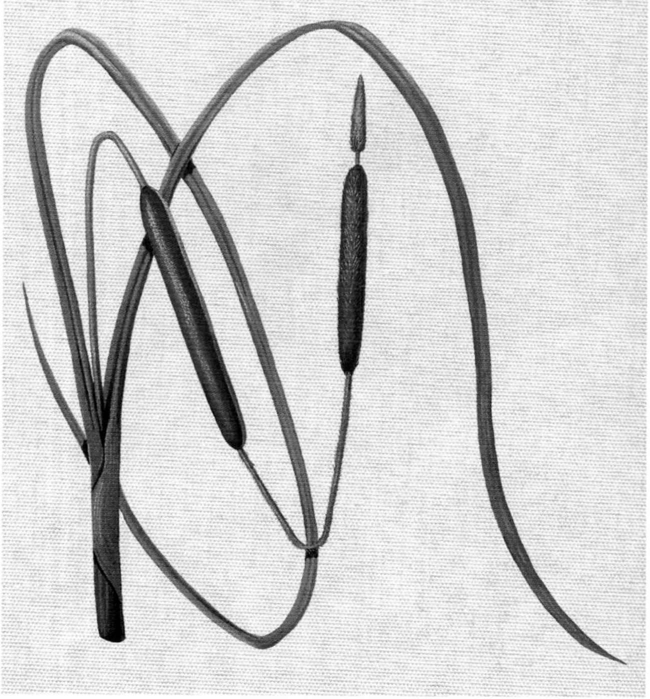

主产江苏、浙江等地。以粉细、色鲜黄、滑腻感强者为佳。

性 味:甘,平。

功 效:止血化瘀,利尿通淋。

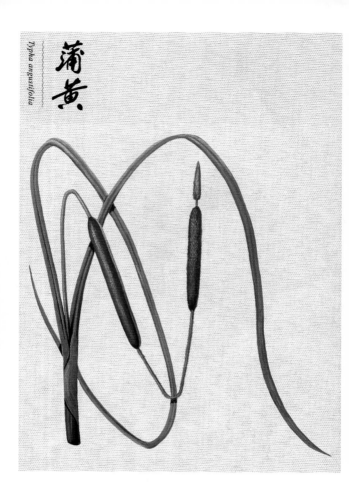

九月

4

星期二

农历七月廿五

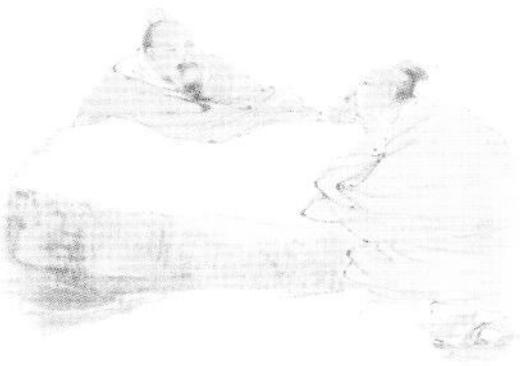

蒲黄

Typha angustifolia

养生药膳

蒲黄粥

配　方:蒲黄 10 克,粳米 100 克,白糖适量。

制　作:蒲黄洗净,布包,放入锅中,水煎取汁;药液中加粳米熬粥,待粥熟时调入白糖,再煮一二沸即可。

功　效:活血止血,利尿通淋。

文化故事

《夜闻贾常州崔湖州茶山境会亭欢宴》(唐)白居易

遥闻境会茶山夜,珠翠歌钟俱绕身。
盘下中分两州界,灯前各作一家春。
青娥递舞应争妙,紫笋齐尝各斗新。
自叹花时北窗下,蒲黄酒对病眠人。

九月

5

星期三

农历七月廿六

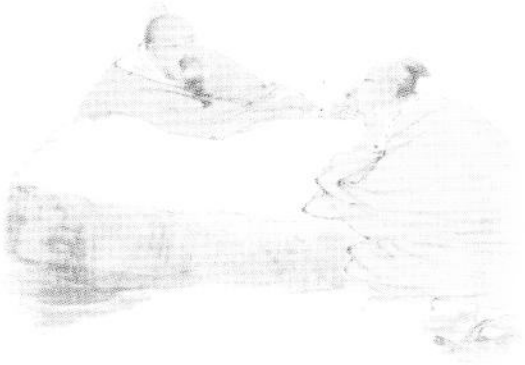

大蓟

Cirsium japonicum

性　味:甘、苦,凉。

功　效:凉血止血,散瘀解毒消痈。

2018

农历戊戌年

本草光阴

中药养生文化日历

九月

6

农历七月廿七

星期四

大蓟

Cirsium japonicum

养生药膳

大蓟炒鸡蛋

配　方:鲜大蓟嫩叶200克,鸡蛋3个,调料适量。

制　作:大蓟洗净,入沸水内焯一下,切碎;鸡蛋磕入碗内搅匀;油锅烧热,下葱花煸香,投入大蓟煸炒,倒入鸡蛋炒匀,调味即可。

功　效:凉血止血,散瘀消肿。

文化故事

《本草纲目》:"蓟犹髻也。"其头状花序生于枝端,集成圆锥状,状如发髻。"蓟"通"戟",其叶片边缘成齿状,齿端有刺,形似武器,故名大蓟。

2018 农历戊戌年

本草光阴

中药养生文化日历

九月

7

星期五

农历七月廿八

主产浙江、安徽等地。以个大、质坚实、气味浓者为佳。

性 味: 甘、苦,温。

功 效: 健脾益气,燥湿利水,止汗,安胎。

2018

本草光阴

农历戊戌年

中药养生文化日历

九月

8

农历七月廿九

星期六

白露

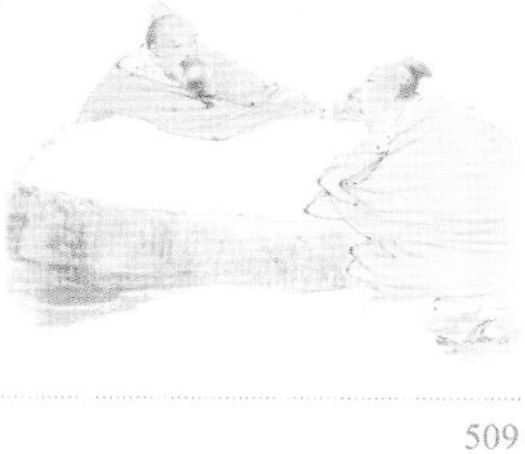

白术

Atractylodes macrocephala

养生药膳

白术鲫鱼粥

配 方: 白术10克,鲫鱼30~60克,粳米30克。

制 作: 鲫鱼去鳞甲及内脏洗净切片;白术洗净,加水煎汁100毫升备用;将鱼、粳米煮粥,粥成时加入药汁和匀,加糖调味。

功 效: 健脾和胃。

文化故事

《采白术》(北宋)梅尧臣

吴山雾露清,群草多秀发。白术结灵根,持锄采秋月。
归来濯寒涧,香气流不歇。夜火煮石泉,朝烟遍岩窟。
千岁扶玉颜,终年固玄发。曾非首阳人,敢慕食薇蕨。

九月

9

星期日

农历七月三十

以根粗大、色白、质坚实、苦味浓者为佳。

性 味:苦、辛,平。

功 效:宣肺,利咽,祛痰,排脓。

九月

10

星期一

农历八月初一

教师节

桔梗

Platycodon grandiflorum

养生药膳

桔梗雪耳煲

配　方：桔梗 10 克，银耳 30 克，雪梨 130 克，冰糖适量。

制　作：将桔梗洗净，加水烧至沸腾，改小火煮 15 分钟；放入梨块、银耳和冰糖，再烧至沸腾，改小火煮制 10 分钟即可。

功　效：清热生津，润肺止咳。

文化故事

桔梗原植物春生苗，夏开紫色小花，秋后结子，八月采根。其根如小指大，黄白色，根中有心，此草之根结实而梗直，故得桔梗之名。

九月

11

星期二

农历八月初二

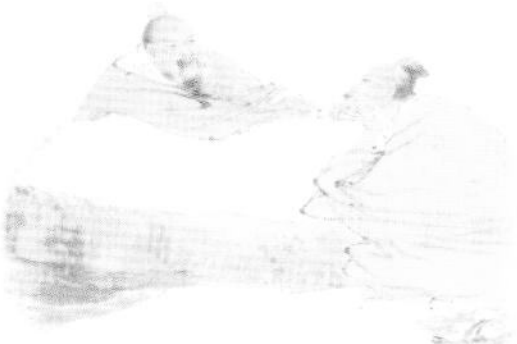

浙贝母

Fritillaria thunbergii

主产浙江。

性 味：苦，寒。

功 效：清热化痰止咳，解毒散结消痈。

2018

本草光阴

农历戊戌年

中药养生
文化日历

九月

星期三

12

农历八月初三

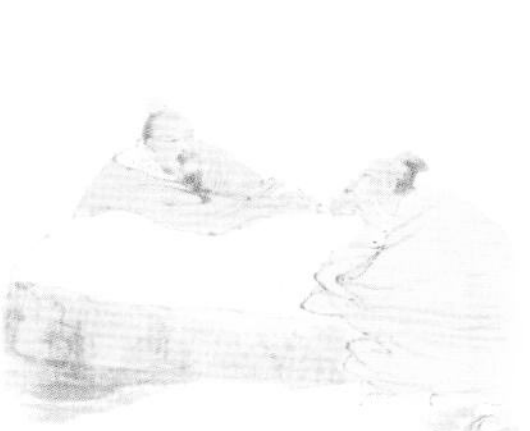

浙贝母

Fritillaria thunbergii

养生药膳

浙贝杏仁露

配　方：浙贝母 10 克，杏仁 8 克，冰糖适量。

制　作：浙贝母洗净；杏仁用水浸泡，去皮，洗净；浙贝、杏仁放入砂锅，加适量清水煮沸；加入冰糖煮 30 分钟，去渣留汁饮用。

功　效：清热化痰止咳。

文化故事

贝母在古代无川、浙之分，至明代才有。产于四川者曰川贝母，产于浙江象山者名象贝母，又名浙贝母、大贝母，是“浙八味”之一。

2018

本草光阴

农历戊戌年

中药文化养生日历

九月

13

星期四

农历八月初四

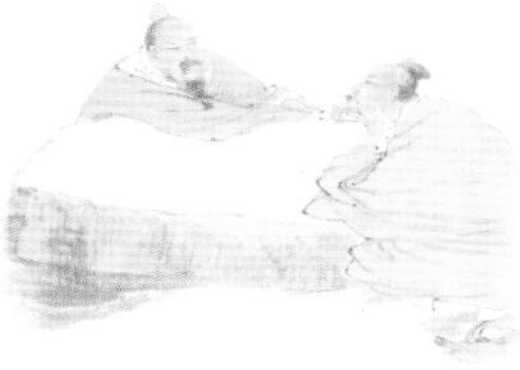

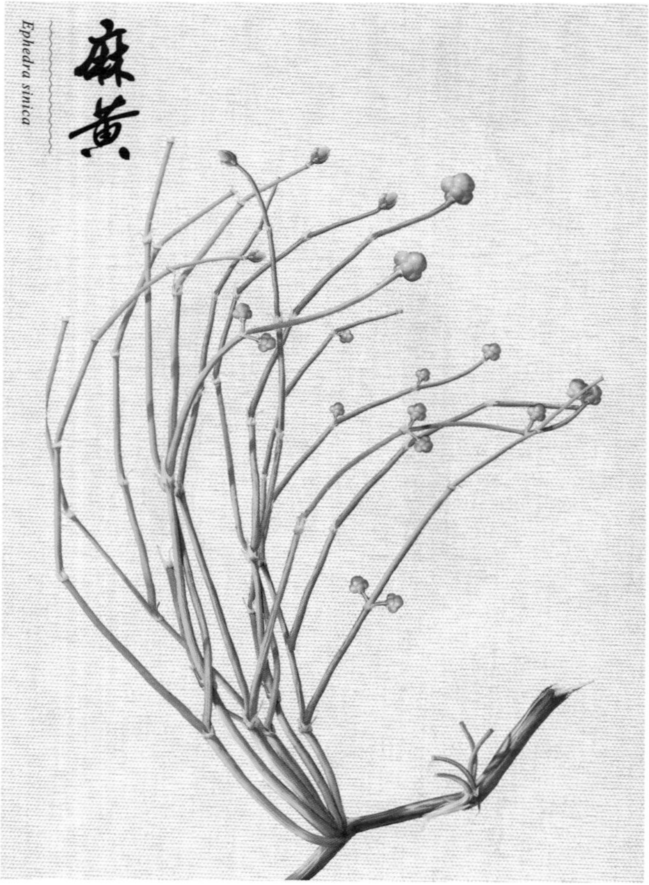

主产东北、华北、西北地区。以茎粗、色淡绿或黄绿、髓部色红棕、味苦涩者为佳。

性 味：辛、微苦，温。

功 效：发汗散寒，宣肺平喘，利水消肿。

2018

本草光阴

农历戊戌年

中药养生文化日历

九月

14

农历八月初五

星期五

麻黄

Ephedra sinica

养生药膳

雪梨麻黄瘦肉汤

配　方: 麻黄8克,雪梨2个,猪瘦肉200克,调料适量。

制　作: 雪梨洗净,不去皮,切块;麻黄洗净;猪瘦肉洗净,切块;以上材料放入砂锅,加水武火煲沸后改文火煲2小时,调味即可。

功　效: 止咳平喘。

文化故事

麻黄茎表面有细纹,手触之有粗糙感,尝之味麻;其表面呈淡绿色或黄绿色,若放置日久,则变为黄色。因此,其味麻色黄,故名麻黄。

2018

本草光阴

农历戊戌年

中药文化养生日历

九月

15

星期六

农历八月初六

射干

Belamcanda chinensis

主产河南、湖北等地。以粗壮、无须根、质硬、断面色黄者为佳。

性 味:苦,寒。

功 效:清热解毒,消痰平喘,利咽消肿。

2018

农历戊戌年

本草光阴

中药文化养生日历

九月

16

星期日

农历八月初七

射干

Belamcanda chinensis

养生药膳

射干粥

配 方：射干 10 克，粳米 100 克，白糖适量。

制 作：射干洗净，放入砂锅，加水煎煮，去渣取汁；粳米洗净，放入药汁，煮至粥稠，白糖调味即可。

功 效：清利咽喉，祛痰止咳。

文化故事

射干生于高山之上，茎梗疏长，远处形似手持长竿、掌管礼仪的“射官”，故得射干之名。后人常用射干喻高瞻远瞩、志向远大的君子。

2018

本草光阴

农历戊戌年

中药文化养生日历

九月

17

农历八月初八

星期一

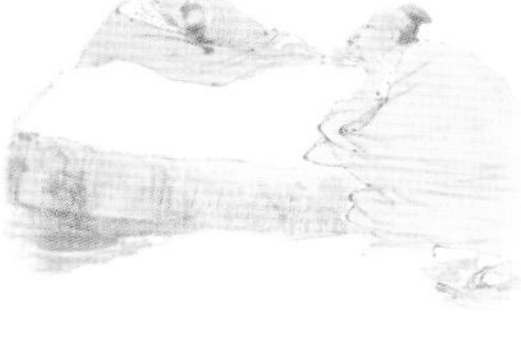

紫菀

Aster tataricus

主产河北、安徽等地。以根长、色紫红、质柔韧者为佳。

性 味:辛、苦,温。

功 效:润肺下气,消痰止咳。

2018

本草光阴

农历戊戌年

中药养生文化日历

九月

18

星期二

农历八月初九

紫菀

Aster tataricus

养生药膳

紫菀膏

配　方：紫菀500克，蜂蜜500克。

制　作：紫菀洗净，加水煎煮3次，药液浓缩至黏稠时，加入蜂蜜煮沸，冷却即可。

功　效：润肺止咳。

文化故事

“菀”意“茂盛”，言其须根丛生，细密繁茂之状，似关公之胡须。“紫”则言其根色。其根色紫而柔婉多须，故名紫菀。

2018 农历戊戌年

本草光阴

中药养生文化日历

九月

19

农历八月初十

星期三

性　味：甘、苦，微寒。

功　效：益气健脾，化痰止咳，清热解毒，化浊降脂。

九月

20

星期四

农历八月十一

绞股蓝

Gynostemma pentaphyllum

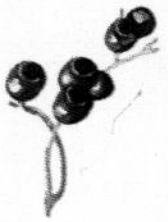

养生药膳

绞股蓝茶

配 方:绞股蓝 15 克。

制 作:绞股蓝洗净、晒干,500 毫升开水冲泡,加盖闷泡 3 分钟即可。

功 效:清热解毒,止咳祛痰。

文化故事

此物生田野之中,延蔓而生,叶似小蓝叶,故得“蓝”之名。“绞”有缠绕之义,植株状如数股绳索绞合纠缠,故称“绞股蓝”。

九月

21

星期五

农历八月十二

虎杖

Polygonum cuspidatum

主产江苏、江西、山东等地。以粗壮、坚实、断面色棕黄者为佳。

性　味:苦,寒。

功　效:利胆退黄,清热解毒,活血散瘀,祛痰止咳。

2018

本草光阴

农历戊戌年

中药文化养生日历

九月

22

星期六

农历八月十三

陈皮

Citrus reticulate

主产广东、福建、四川等地。以外表面油润、质柔软、气味浓者为佳。

性 味:苦、辛,温。

功 效:理气健脾,燥湿化痰。

2018

本草光阴

农历戊戌年

中药养生
文化日历

九月

23

星期日

农历八月十四

秋分

Citrus reticulate

陈皮

养生药膳

陈皮鸭

配 方:陈皮 10 克,青鸭 1 只,调料少许。

制 作:鸭子洗净,加水煨炖,稍烂时取出,候凉拆去鸭骨,胸脯朝上,放于搪瓷盆内;将炖鸭的原汤加适量奶粉,煮沸,调入料酒、酱油、胡椒粉等再煮沸,放入搪瓷盆内,将陈皮切丝放在拆骨鸭上,上笼蒸 30 分钟即可。

功 效:健脾开胃。

文化故事

橘井泉香:西汉时期,郴州一个叫苏耽的医生外出前,嘱咐其母:“明年郴州会爆发瘟疫,到时用家里的井水和橘叶可以治疗。”第二年郴州疫病横行,其母就用井水煎煮橘叶免费为患者服用而获效。

九月

24

星期一

农历八月十五

中秋节

菊花

Chrysanthemum morifolium

主产安徽、浙江等地。以花朵完整不散、颜色新鲜、气清香者为佳。

性 味:甘、苦,微寒。

功 效:散风清热,平肝明目,清热解毒。

2018

本草光阴

农历戊戌年

中药养生文化日历

九月

25

农历八月十六

星期二

菊花

Chrysanthemum morifolium

养生药膳

菊花糕

配 方: 杭白菊 20~30 朵，马蹄粉 200 克，新鲜菊花 1 朵（切碎），冰糖适量。

制 作: 将纱布包杭白菊，用清水煮菊花约 10 分钟，待水色呈现淡黄色即可；加入已切碎的新鲜菊花；将马蹄粉以适量清水溶解，倒入菊花水，大火约蒸 15~20 分钟，变成完全透明即熟，热食或冷食均可。

功 效: 疏风清热，清肝明目。

文化故事

《菊花》（唐）元稹

秋丛绕舍似陶家，
遍绕篱边日渐斜。
不是花中偏爱菊，
此花开尽更无花。

九月

26

农历八月十七

星期三

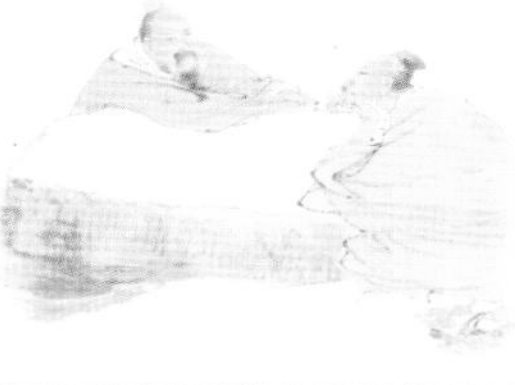

党参

Codonopsis pilosula

主产山西、甘肃、四川等地。以条粗壮、狮子盘头大、横纹多、质柔润、气味浓，嚼之无渣者为佳。

性　味：甘，平。

功　效：补脾益肺，养血生津。

九月

27

星期四

农历八月十八

党参

Codonopsis pilosula

养生药膳

党参炒肚片

配　方：党参 20 克，猪肚片 300 克，胡萝卜 50 克，调料适量。

制　作：猪肚洗净切片；炒锅烧热，加素油，下生姜、葱爆香，随即下猪肚片、料酒，炒变色，加入党参、胡萝卜炒熟，调味即可食用。

功　效：补中益气。

文化故事

自南北朝起，上党人参日渐减少，后人用其他形似人参的根类植物代替，以根有“狮子盘头”的一类应用广泛。因其产于山西上党且根形似参，故名党参。

2018

农历戊戌年

本草光阴

中药养生
文化日历

九月

28

星期五

农历八月十九

主产山西、内蒙古等地。以条粗长、质韧、断面色黄白、粉性足、味甜者为佳。

性　味:甘,微温。

功　效:补气升阳,固表止汗,利水消肿,托疮生肌。

九月

29

农历八月二十

星期六

黄芪

Astragalus membranaceus

养生药膳

黄芪母鸡汤

配　方:母鸡1只、黄芪30克,葱、姜适量,调料少许。

制　作:母鸡洗净,去头去脚去内脏;黄芪清净,放入鸡腹中;大火煮开,撇净浮沫;加入葱段和姜片,大火煮沸后用小火慢炖1小时,调味即可。

功　效:补益气血,利尿消肿。

文化故事

黄芪古代又作“黄耆”。“黄”指药材颜色;“耆”意“老”,言黄芪具有补益、补虚、延缓衰老之能。《本草纲目》记载:“黄耆色黄,为补药之长,故名。”

2018

农历戊戌年

本草光阴

中药养生文化日历

九月

30

星期日

农历八月廿一

覆盆子

中药养生
文化日历

麦冬

Ophiopogon japonicus

主产浙江、四川等地。以个大、色黄白、半透明、质柔、气味浓者为佳。

性 味:甘、微苦,微寒。

功 效:养阴生津,润肺清心。

2018

本草光阴

农历戊戌年

中药养生文化日历

十月

星期一

1

农历八月廿二

国庆节

麦冬

Ophiopogon japonicus

养生药膳

麦冬炖甲鱼

配　方:麦冬 15 克,枸杞 10 克,甲鱼 250 克,酒、盐适量。

制　作:将甲鱼宰杀洗净,热水氽烫出水切块,加水炖煮 1 小时;将麦冬、枸杞用水冲洗后放入煲中,加入调料,用文火炖 30 分钟即可食用。

功　效:养阴生津,滋补肝肾。

文化故事

《睡起闻米元章冒热到东园送麦门冬饮子》(北宋)苏轼

一枕清风直万钱,无人肯买北窗眠。

开心暖胃门冬饮,知是东坡手自煎。

十月

2

星期二

农历八月廿三

地榆

Sanguisorba officinalis

主产东北、内蒙古、安徽等地。

性　味：苦、酸、涩，微寒。

功　效：凉血止血，解毒敛疮。

2018

本草光阴

农历戊戌年

中药养生
文化日历

十月

3

农历八月廿四

星期三

Sanguisorba officinalis

地榆

养生药膳

地榆三七花汤

配　方:地榆 100 克,三七花 10 克,味精,盐适量。

制　作:地榆洗净;三七花洗净后放入锅里,倒入清汤,加盐,煮沸;加入地榆,再次煮沸后调味即可。

功　效:凉血化瘀止血。

文化故事

地榆原植物色青,茎直,高三四尺,对分出叶,少狭细长,呈锯齿状,如榆树一般。其植物不高,可布满整块土地,故名地榆。

2018

农历戊戌年

本草光阴

中药养生文化日历

十月

4

星期四

农历八月廿五

西洋参

Panax quinquefolium

主产美国、加拿大。以条粗、完整、皮细、横纹多、质地坚实者为佳。

性 味:甘、微苦,凉。

功 效:补气养阴,清热生津。

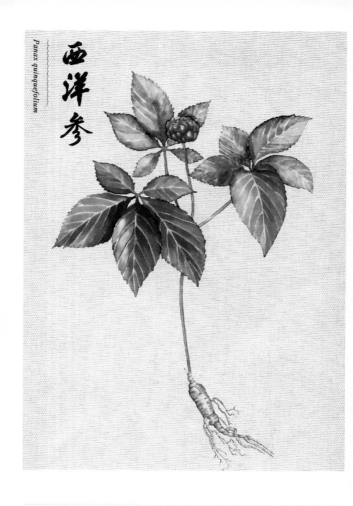

2018

农历戊戌年

本草光阴

中药养生文化日历

十月

5

星期五

农历八月廿六

西洋参

Panax quinquefolium

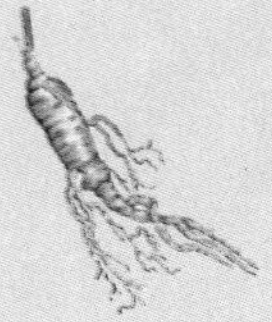

养生药膳

西洋参蜂蜜汤

配　方： 西洋参 10 克，蜂蜜 50 克，冰糖 200 克。

制　作： 西洋参洗净，加水 1000 毫升，煮沸后小火炖煮 1 小时；凉后倒出参汤，再加蜂蜜和冰糖调服即可。

功　效： 益气养阴，润肠通便。

文化故事

西洋参原产北美，形似人参，与人参同为五加科，故名西洋参。旧称美国国旗为花旗，故又名花旗参。

2018

农历戊戌年

本草光阴

中药养生文化日历

十月

6

星期六

农历八月廿七

前胡

Peucedanum praeruptorum

主产浙江、江西等地。以根粗壮、皮部厚、质柔软、断面油点多、香气浓者为佳。

性 味:苦、辛,微寒。

功 效:降气化痰,散风清热。

2018

本草光阴

农历戊戌年

中药养生
文化日历

十月

7

星期日

农历八月廿八

吴茱萸

Euodia rutaecarpa

主产贵州、广西等地。以饱满坚实、香气浓烈者为佳。

性 味:辛、苦,热。

功 效:散寒止痛,降逆止呕,助阳止泻。

2018

本草光阴

农历戊戌年

中药养生文化日历

十月

8

星期一

农历八月廿九

寒露

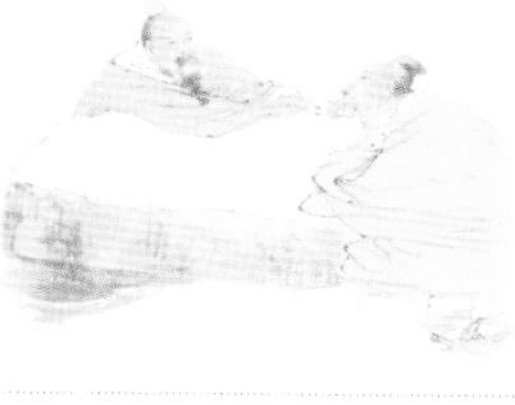

吴茱萸

Euodia rutaecarpa

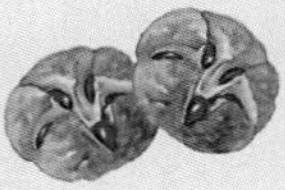

养生药膳

吴茱萸生姜粥

配　方: 吴茱萸 10 克,糯米 100 克,生姜 3 片。

制　作: 将吴茱萸用纱布袋装好先下,糯米、生姜共煮稀粥,粥成后拣去吴茱萸、生姜即可。

功　效: 温中止痛。

文化故事

原名吴萸。春秋时期,吴国贡品吴萸给楚国,一位姓朱的医生将吴萸种在自家院子。后楚王胃痛难忍,诸药无效,服用朱提供的吴萸而愈。遂将吴萸更名为吴茱萸。

2018

本草光阴

农历戊戌年

中药养生文化日历

十月

9

农历九月初一

星期二

百部

Stemona tuberosa

主产安徽、江苏等地。

性 味:甘、苦,微温。

功 效:润肺下气止咳,杀虫灭虱。

十月

10

星期三

农历九月初二

百部

Stemona tuberosa

养生药膳

百部川贝粥

配　方：百部 10 克，川贝母 5 克，粳米 80 克，冰糖适量。

制　作：百部、川贝、粳米、洗净，放入砂锅里，加水，旺火煮沸，文火煲半小时，加冰糖调味即可。

功　效：清肺止咳，化痰生津。

文化故事

“百”者，多也；“部”通“棓”，根也。其根须众多，故名百部。《本草纲目》：“其根多者百十连属，如部伍然，故以名之。”

2018

本草光阴

农历戊戌年

中药养生文化日历

十月

11

星期四

农历九月初三

以块大、肥润、色黄、断面透明、味甜者为佳。

性　味:甘,平。

功　效:补气养阴,健脾,润肺,益肾。

十月

12

农历九月初四

星期五

Polygonatum sibiricum

黄精

养生药膳

黄精粳米粥

配 方: 石黄精 30 克,粳米 100 克,冰糖适量。

制 作: 先将黄精煎水取汁,再入粳米煮至粥熟,加适量冰糖服食。

功 效: 养阴和胃,健脾补中。

文化故事

宋《稽神录》:临川一婢女不堪忍受虐待,逃入深山,以溪边的一种野草充饥。不但填饱肚子,且日久神清气爽、身轻如燕。该物即为黄精。

2018

农历戊戌年

本草光阴

中药养生文化日历

十月

13

星期六

农历九月初五

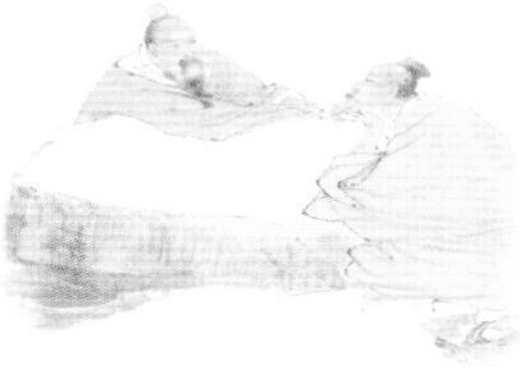

桃仁

Prunus persica

主产四川、陕西等地。

性 味:苦、甘,平。

功 效:活血祛瘀,润肠通便,止咳平喘。

2018

本草光阴

农历戊戌年

中药养生
文化日历

十月

14

农历九月初六

星期日

桃仁

Prunus persica

养生药膳

桃仁饮

配　方: 桃仁 10 克,决明子 30 克,鲜香芹 250 克,白蜜适量。

制　作: 先将香芹洗净,用榨汁机榨取鲜汁 30 毫升备用;将桃仁和决明子均打碎,放入砂锅内加清水煎药汁,煎好后加入鲜香芹汁和白蜜拌匀,即可饮用。

功　效: 平肝,活血,通便。

文化故事

桃为树,故从木;桃多果,故从兆,寓有丰收之意;“仁”通“人”。桃仁是桃的种子,位于果实的最中心,代表了桃的一身精华所在,故名。

十月

15

星期一

农历九月初七

太子参

Pseudostellaria heterophylla

主产江苏、山东等地。以条粗、色黄白、无须根者为佳。

性 味：甘、微苦，平。

功 效：益气健脾，生津润肺。

2018

本草光阴

农历戊戌年

中药养生文化日历

十月

16

星期二

农历九月初八

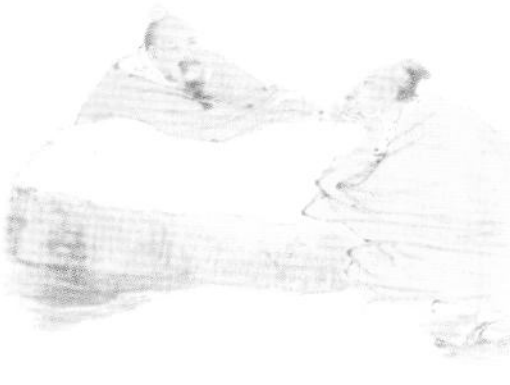

太子参

Pseudostellaria heterophylla

养生药膳

银耳太子参

配　方:太子参 25 克,银耳 15 克,冰糖适量。

制　作:太子参洗净,放入纱布,扎口;银耳泡开,洗净;纱布、银耳同冰糖放入砂锅,加水适量炖至银耳熟,去纱布饮用。

功　效:益气养阴。

文化故事

太子参外形似人参且体型亦细小,可谓“参中之全枝而小者”,故得太子参之美名。孩儿参、童参、米参亦因其根体细小而名之。

2018

本草光阴

农历戊戌年

中药文化养生日历

十月

17

星期三

农历九月初九

重阳节

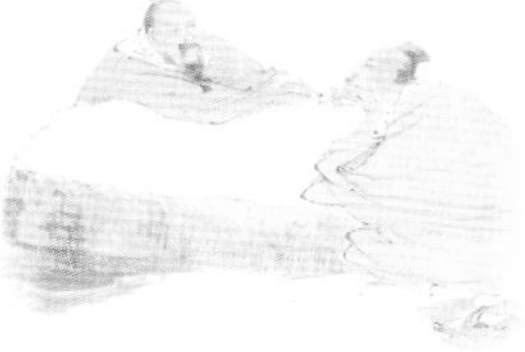

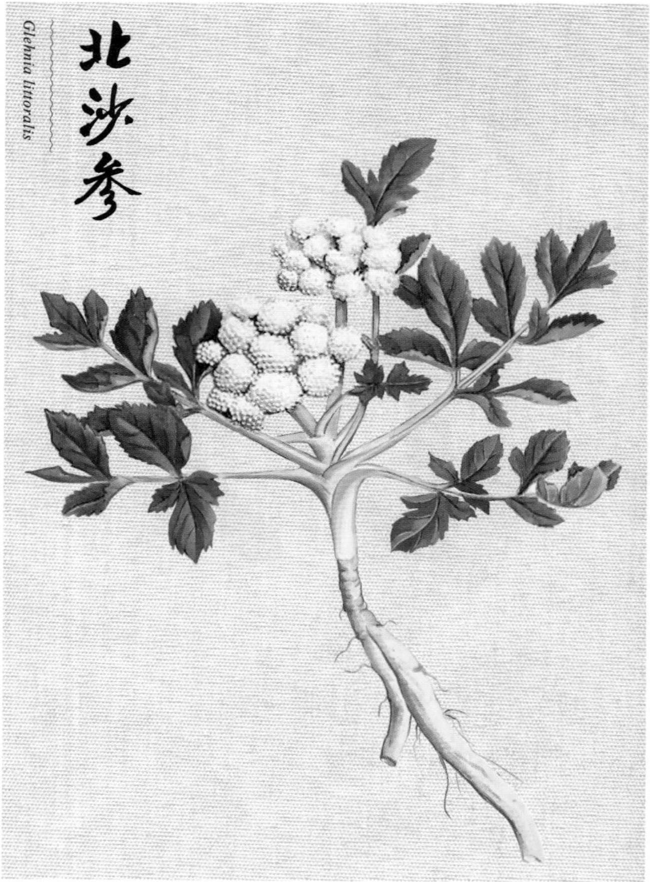

主产山东、河北、内蒙古等地。

性 味:甘、微苦,微寒。

功 效:养阴清肺,益胃生津。

十月

18

农历九月初十

星期四

Glehnia littoralis

北沙参

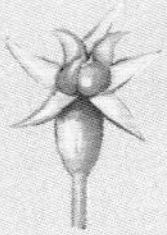

养生药膳

杏仁沙参雪梨汤

配　方： 北沙参 15 克，杏仁 150 克，雪梨 500 克，冰糖适量。

制　作： 北沙参用清水洗净，杏仁用清水浸泡，雪梨切块，备用；以上食材一起放入已煲滚的水中，煮沸，转文火，继续煲约 50 分钟，冰糖调味即可。

功　效： 养阴润肺，益胃生津。

文化故事

主产于我国辽宁、河北等地区，多栽培于肥沃的砂质土壤，或野生于沿海沙滩之中，乃“北地沙土所产”，故名北沙参。

2018

本草光阴

农历戊戌年

中药养生文化日历

十月

19

星期五

农历九月十一

丁香

Eugenia caryophyllata

主产坦桑尼亚、马来西亚、印尼等地。以个大、油性足、色深红、香气浓郁、入水下沉者为佳。

性 味:辛,温。

功 效:温中降逆,补肾助阳。

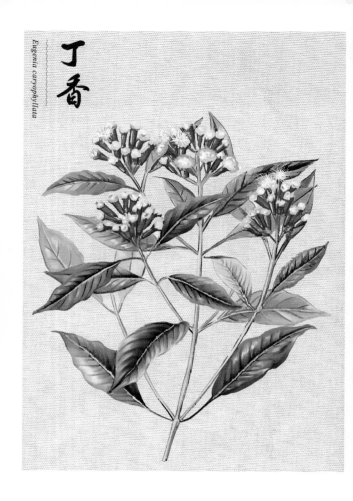

2018

农历戊戌年

本草光阴

中药养生文化日历

十月

20

星期六

农历九月十二

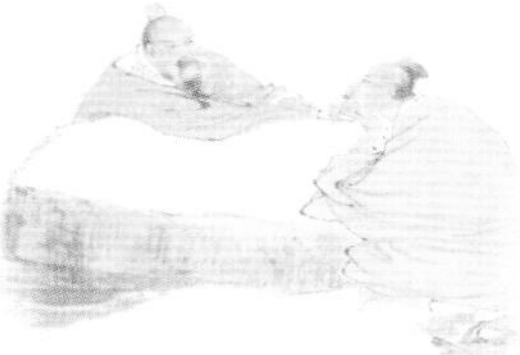

丁香

Eugenia caryophyllata

养生药膳

丁香粥

配　方：丁香5克，粳米100克，生姜3片，红糖、姜末适量。

制　作：丁香洗净，放入砂锅，水煎取汁；加洗净的粳米煮粥，待沸时调入红糖、姜末等，煮至粥熟即可。

功　效：温中降逆。

文化故事

《江头四咏·丁香》（唐）杜甫

丁香体柔弱，乱结枝犹垫。

细叶带浮毛，疏花披素艳。

深栽小斋后，庶使幽人占。

晚堕兰麝中，休怀粉身念。

2018

农历戊戌年

本草光阴

中药养生
文化日历

十月

21

星期日

农历九月十三

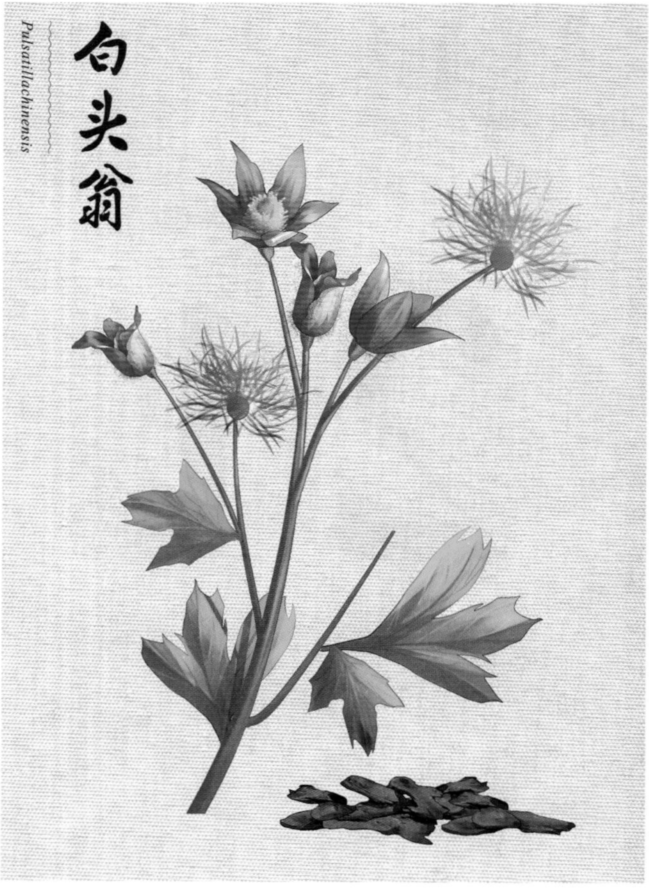

主产东北、河北等地。

性 味:苦,寒。

功 效:清热解毒,凉血止痢。

2018

农历戊戌年

本草光阴

中药养生
文化日历

十月

22

星期一

农历九月十四

冬桑叶

Morus alba

中国大部分地区均产，以江南居多。

性 味：甘、苦，寒。

功 效：疏散风热，清肺润燥，清肝明目。

2018

农历戊戌年

本草光阴

中药养生文化日历

十月

23

星期二

农历九月十五

霜降

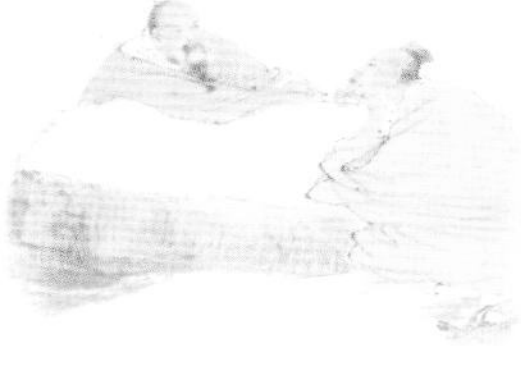

冬桑叶

Morus alba

养生药膳

凉拌桑叶

配　方：桑叶 500 克，精盐、味精、蒜泥、香油适量。

制　作：桑叶去柄，洗净，切丝，放入开水内焯一下，用凉开水过凉，沥干水分，加入精盐、味精、蒜泥、香油适量，拌匀即可食用。

功　效：清肺润燥，清肝明目。

文化故事

《说文解字》："桑，蚕所食葉木。从叒木。"叒木是神话中的神木，来自太阳升起之处。桑叶外形和"叒"相似，故名。

2018

本草光阴

农历戊戌年

中药养生文化日历

十月

24

星期三

农历九月十六

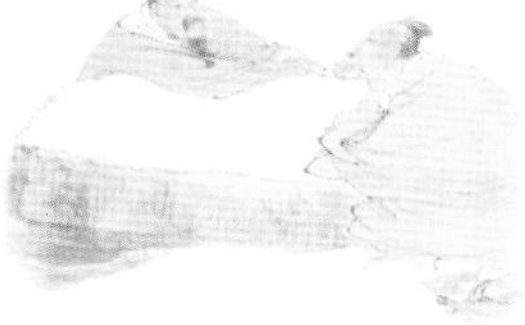

火麻仁

Cannabis sativa

全国各地均有栽培。以颗粒饱满、种仁乳白色者为佳。

性 味:甘,平。

功 效:润肠通便。

十月

25

星期四

农历九月十七

火麻仁

Cannabis sativa

养生药膳

火麻仁粥

配 方:火麻仁 15 克,粳米 100 克。

制 作:火麻仁去壳后研粉,粳米洗净;火麻仁、粳米一同放入锅内,加入 500 毫升清水,用武火煮沸后,再改用文火煮 30 分钟即可。

功 效:润肠通便。

文化故事

火麻,言其众长朋生,协茂同荣,强调其结实多而果多也,药用种子,故名火麻仁。因其子较大,故亦称大麻子或大麻仁。

十月

26

星期五

农历九月十八

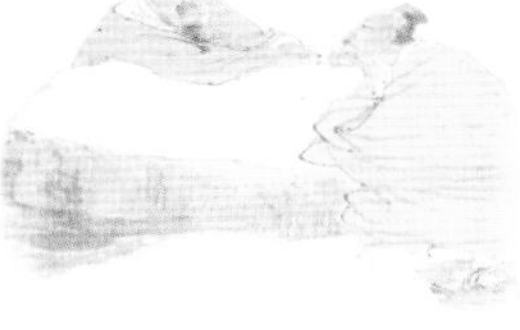

合欢皮

Albizia julibrissin

全国大部分地区都有分布，主产于长江流域各省。

性 味：甘，平。

功 效：解郁安神，活血消肿。

十月

27

星期六

农历九月十九

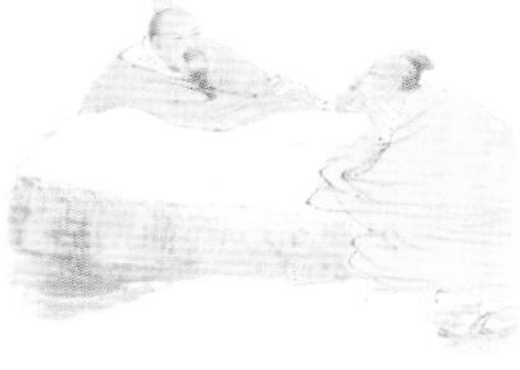

Albizia julibrissin

合欢皮

养生药膳

合欢皮酒

配 方：合欢皮 50 克，黄酒 250 克。

制 作：将合欢皮洗净，掰碎，浸于黄酒中，密封置于阴凉处；每日晃动 2 次，2 周后开封去渣即可。

功 效：养心安神，消肿止痛。

文化故事

《合欢诗》（元）袁桷

一树高花冠玉堂，知时舒卷欲云翔。
马蜥不动游缨耸，雉尾初开翠扇张。
旧渴未须餐玉屑，嘉名端合纪青裳。
云窗雾冷文书静，留取余清散远香。

2018

本草光阴

农历戊戌年

中药养生文化日历

十月

28

农历九月二十

星期日

芦根

Phragmites communis

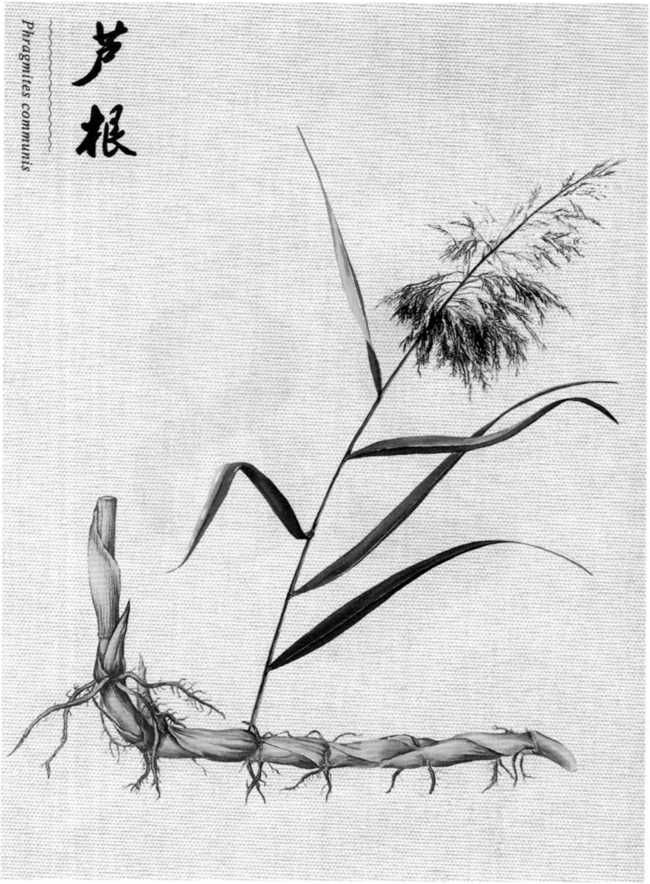

全国大部分地区均产。

性 味:甘,寒。

功 效:清热泻火,生津止渴,除烦,止呕,利尿。

2018

本草光阴

农历戊戌年

中药文化养生日历

十月

29

农历九月廿一

星期一

芦根

Phragmites communis

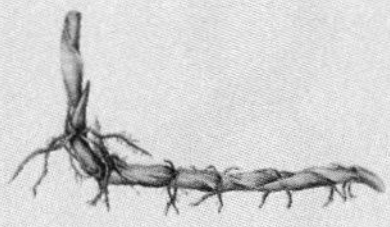

养生药膳

芦根荸荠雪梨汁

配　方：芦根、荸荠、雪梨、鲜藕各250克。

制　作：以上四味洗净后切碎，捣烂绞汁即可。

功　效：清热生津止渴。

文化故事

相传有一穷人的孩子高热不退，无钱请医生诊治。一乞丐见状告诉穷人，去塘边挖芦根煮汤给孩子喝下去可以退热，果如其然。

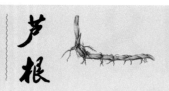

2018

农历戊戌年

本草光阴

中药文化养生日历

十月

30

星期二

农历九月廿二

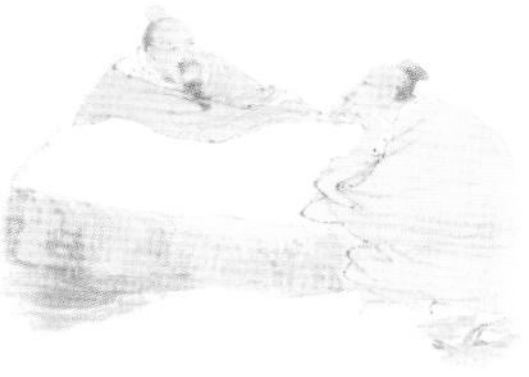

败酱草

Patrinia scabiosaefolia

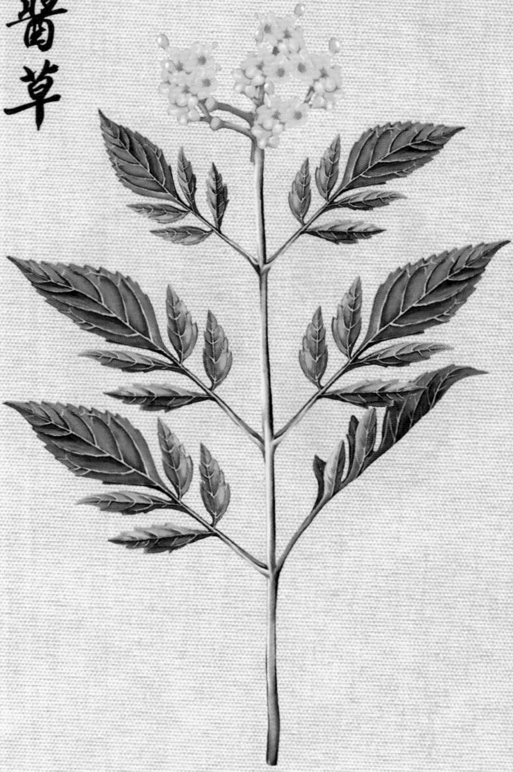

主产四川、江西、福建等地。

性 味：辛、苦，凉。

功 效：清热解毒，消痈排脓，祛瘀止痛。

2018

农历戊戌年

本草光阴

中药文化养生日历

十月

31

星期三

农历九月廿三

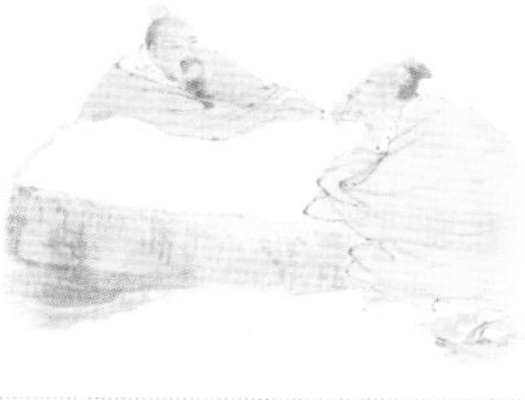

麦芽

Hordeum vulgare

全国各地均可生产。

性 味:甘,平。

功 效:消食健胃,回乳消胀,疏肝解郁。

十一月

1

农历九月廿四

星期四

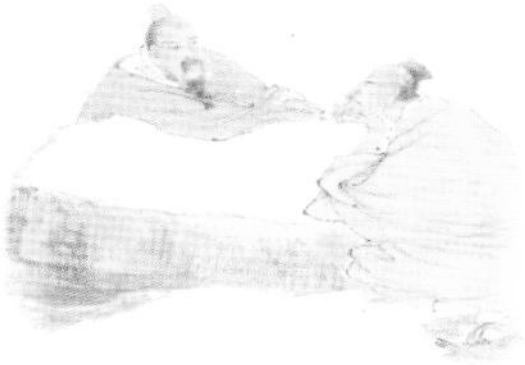

麦芽

Hordeum vulgare

养生药膳

麦芽煎

配　方：麦芽、谷芽、莲子各15克，山药10克。

制　作：生谷芽、麦芽洗净，加水煎煮，去渣取汁；药汁中加入洗净的莲子、山药，锅置火上，煮熟即可。

功　效：益气健脾，消食和胃。

文化故事

《说文解字》：“芽，萌芽也。”麦芽是“以水渍大麦而成”，即用水浸泡大麦，使其出芽，待幼芽长至一定程度后晒干，故称之麦芽。

十一月

星期五

2

农历九月廿五

桂枝

Cinnamomum cassia

主产广东、广西、云南等地。

性 味：辛、甘，温。

功 效：发汗解肌，温通经脉，助阳化气，平冲降气。

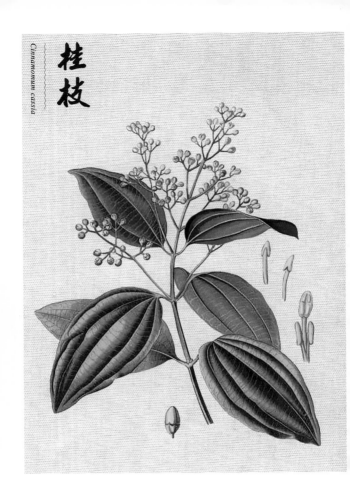

2018

本草光阴

农历戊戌年

中药文化养生日历

十一月

星期六

3

农历九月廿六

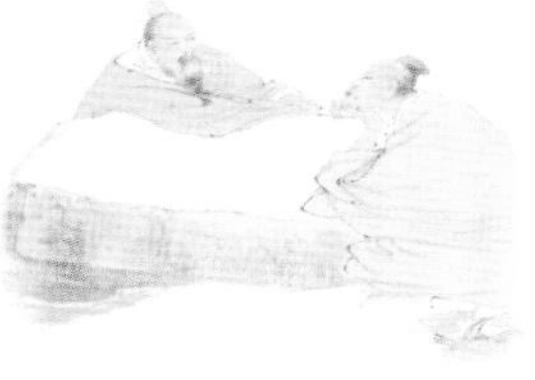

桂枝

Cinnamomum cassia

养生药膳

大枣桂枝炖牛肉

配 方:桂枝 9 克,大枣 10 枚,牛肉 100 克,胡萝卜 200 克,调料适量。

制 作:桂枝、大枣洗净备用;牛肉、胡萝卜洗净切块;以上食材一起放入炖锅内,加水适量。大火烧沸,再用小火炖煮 1 小时,调味即可。

功 效:温阳补血,散寒止痛。

文化故事

《桂赞》(晋)郭璞

桂生南裔,拔草岑岭。

广莫熙葩,凌霜津颖。

气王百药,森然云挺。

十一月

星期日

4

农历九月廿七

高良姜

Alpinia officinarum

主产广东、海南等地。

性 味:辛,热。

功 效:温胃止呕,散寒止痛。

2018

本草光阴

农历戊戌年

中药文化养生日历

十一月

5

农历九月廿八

星期一

Alpinia officinarum

高良姜

养生药膳

高良姜炖鸡

配 方：高良姜、草果各10克，陈皮、胡椒各5克，雄鸡1只，调料适量。

制 作：以上药材洗净备用；将鸡洗净切块放入锅中，用武火煮沸，撇去污沫；锅内放入药材，与鸡块同炖1~2小时，调味后即可。

功 效：温中散寒，理气止痛。

文化故事

此姜始出古时高良郡（因山高而凉得名），春生茎叶如姜苗而大，故名高良姜。

十一月

星期二

6

农历九月廿九

款冬花

Tussilago farfara

主产陕西、山西等地。以朵大、色紫红者为佳。

性 味:辛、微苦,温。

功 效:润肺下气,止咳化痰。

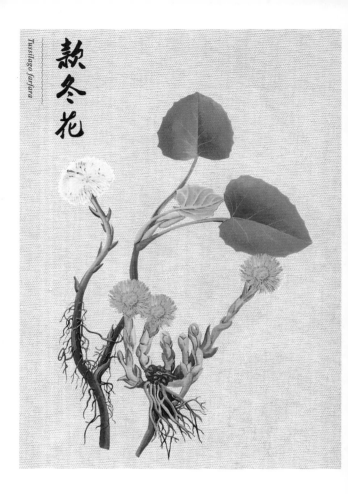

2018

农历戊戌年

本草光阴

中药养生文化日历

十一月

7

星期三

农历九月三十

立冬

Tussilago farfara

款冬花

养生药膳

款冬花粥

配　方：款冬花 10 克，粳米 100 克，白糖适量。

制　作：款冬花洗净，放入罐中，浸泡 5~10 分钟，水煎取汁；加粳米煮粥，待熟时，白糖调味即可。

功　效：润肺降气，止咳化痰。

文化故事

《逢贾岛》（唐）张籍

僧房逢着款冬花，出寺吟行日已斜。

十二街中春雪遍，马蹄今去入谁家。

2018

本草光阴

农历戊戌年

中药文化养生日历

十一月

8

农历十月初一

星期四

主产江苏、浙江等地。以条匀,断面黄白色、无黑心者为佳。

性 味:苦,寒。

功 效:利尿通淋,清心除烦,通经下乳。

十一月

9

星期五

农历十月初二

木通

Akebia quinata

养生药膳

木通猪脚汤

配　方：猪脚 2 只，木通 15 克，红枣 5 个，米酒少许。

制　作：猪脚去杂洗净，切块，放入沸水中煮 10 分钟，取出洗净；红枣、木通洗净；以上食材放入锅内，加清水武火煮沸后文火煲 3 小时，米酒调味即可。

功　效：补血通乳。

文化故事

木通原植物根茎中有细小孔，两头皆通。功善“通”——利尿通淋、通经下乳，故名木通。

木通有 3 种：白木通、川木通和关木通。关木通属马兜铃科，有肾毒性，不宜在药膳中使用。

2018

本草光阴

农历戊戌年

中药文化 养生日历

十一月

10

农历十月初三

星期六

沙苑子

Astragalus complanatus

主产陕西、河北等地。以颗粒饱满、色绿褐者为佳。

性 味:甘,温。

功 效:补肾助阳,固精缩尿,养肝明目。

2018

农历戊戌年

本草光阴

中药文化养生日历

十一月

11

星期日

农历十月初四

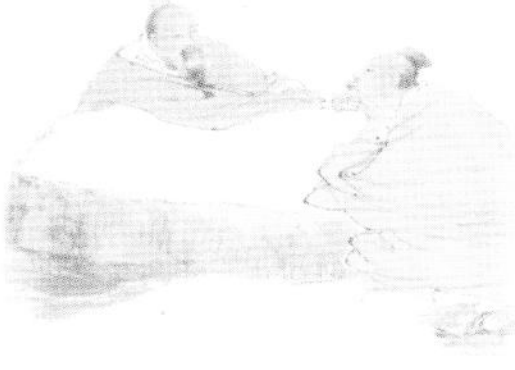

沙苑子

Astragalus complanatus

养生药膳

沙苑蒺藜鱼胶汤

配　方:沙苑子 10g,鱼胶 30g,调料适量。

制　作:沙苑子装入两层纱布袋内,扎口;鱼胶浸泡后切碎;二味同入砂锅,加水煲汤,调味即可。

功　效:补肾益精,养血明目。

文化故事

唐玄宗之女永乐公主,自幼多病,后因安史之乱,流落民间。公主常以沙苑子为茶,常服不辍,两三年后病患全无,眉目如画,肤如凝脂。

2018

本草光阴

农历戊戌年

中药养生文化日历

十一月

12

星期一

农历十月初五

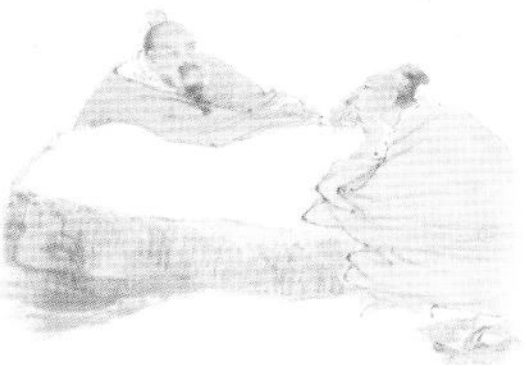

豨莶草

Siegesbeckia orientalis

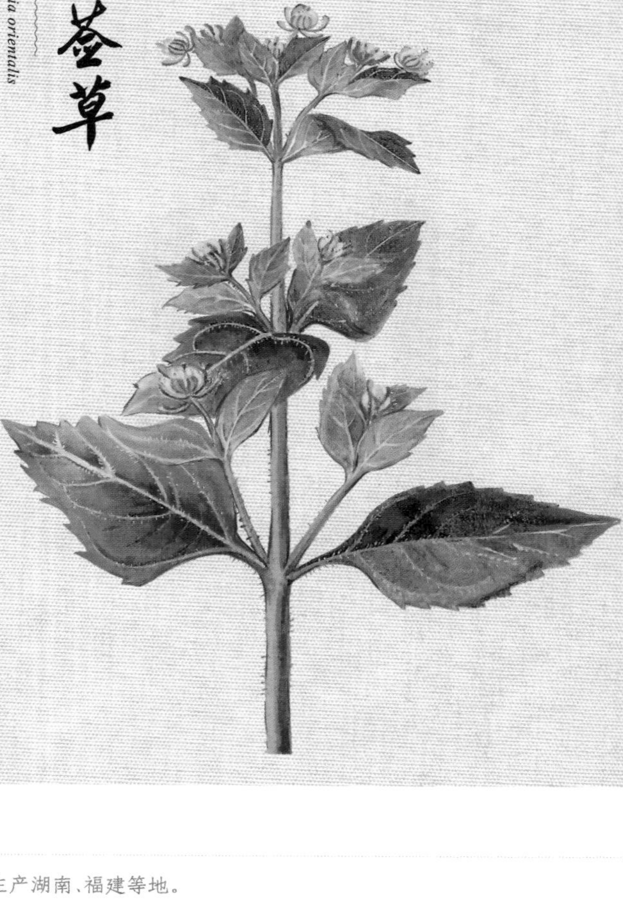

主产湖南、福建等地。

性　味: 辛、苦,寒。

功　效: 祛风湿,利关节,解毒。

十一月

13

星期二

农历十月初六

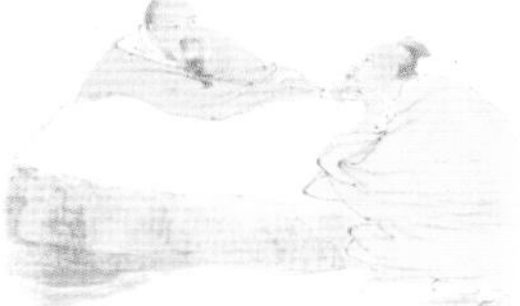

豨莶草

Siegesbeckia orientalis

养生药膳

豨莶草粥

配　方：豨莶草 10 克，粳米 100 克，白糖适量。

制　作：豨莶草洗净，放入锅中，加清水适量，水煎取汁；药液中加粳米煮粥，待粥熟时下白糖，再煮一二沸即可。

功　效：祛风通络。

文化故事

《广群芳谱》（北宋）黄庭坚

红药山丹逐晓风，春荣分到豨莶丛。

朱颜颇欲辞镜去，煮叶掘根傥见功。

2018

本草光阴

农历戊戌年

中药文化养生日历

十一月

14

星期三

农历十月初七

诃子

Terminalia chebula

主产广东、云南等地。以个大、质坚实、表面黄棕色、有光泽、气味浓者为佳。

性 味：苦、酸、涩，平。

功 效：涩肠止泻，敛肺止咳，降火利咽。

2018

农历戊戌年

本草光阴

中药养生文化日历

十一月

15

农历十月初八

星期四

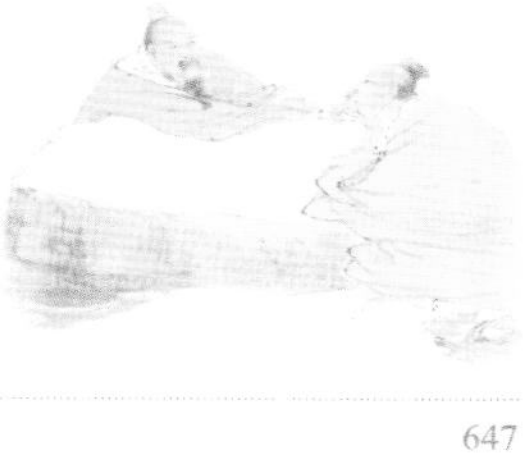

Terminalia chebula

诃子

养生药膳

二子猪肺汤

配　方：诃子 6 克，五味子 20 粒，猪肺 1 个。

制　作：猪肺洗净；诃子、五味子洗净后塞入猪肺管内，扎好管口；将猪肺放入砂锅，加水适量，先用武火烧沸，后改用文火炖 1 小时即可。

功　效：敛肺平喘。

文化故事

《说文解字》："诃，大言而怒也。"诃本意愤怒责备，誉其主治病证的顽固性。"诃"又同"呵"，引申为呵护、照养，隐喻诃子能收敛固涩。

2018

本草光阴

农历戊戌年

中药文化养生日历

十一月

16

农历十月初九

星期五

红花

Carthamus tinctorius

主产河南、河北等地。以花冠色红黄而鲜艳、质柔软者为佳。

性 味:辛,温。

功 效:活血通经,散瘀止痛。

2018

农历戊戌年

本草光阴

中药养生文化日历

十一月

17

星期六

农历十月初十

Carthamus tinctorius

红花

养生药膳

山鸡红花汤

配　方: 山鸡肉 250 克,杜红花 15 克,火腿少许,鸡蛋 2 只,调料适量。

制　作: 鸡肉洗净,切泥;鸡泥调散,加入蛋清、葱、姜、盐,调匀搅拌;锅内放入清汤、火腿细末、红花,烧沸,倒入鸡泥,用文火煮开,调味即可。

功　效: 益气活血,通经止痛。

文化故事

《红花》(唐)李中

红花颜色掩千花,任是猩猩血未加。

染出轻罗莫相贵,古人崇俭诫奢华。

2018

本草光阴

农历戊戌年

中药文化养生日历

十一月

18

农历十月十一

星期日

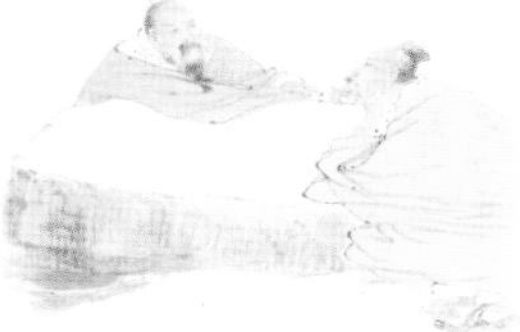

槟榔

Areca catechu

主产海南、云南、广东等地。以个大、体重、坚实、断面颜色鲜艳者为佳。

性　味:苦、辛,温。

功　效:杀虫,消积,行气,利水,截疟。

2018

本草光阴

农历戊戌年

中药文化养生日历

十一月

19

农历十月十二

星期一

槟榔

Areca catechu

养生药膳

白术槟榔猪肚粥

配　方：白术、槟榔各10克，猪肚500克，粳米100克，生姜适量。

制　作：猪肚洗净，切块；白术、槟榔、生姜装入纱布袋，与猪肚一同放入砂锅中，煮至猪肚熟烂后留药汁；加入粳米，煮至粥熟，加佐料调味即可食用。

功　效：补中益气，消积和胃。

文化故事

《槟榔》（南宋）郑域

海角人烟百万家，蛮风未变事堪嗟。

果堆羊豕乌青榄，菜饤丁香紫白茄。

杨枣实酸薄纳子，山茶无叶木棉花。

一般气味真难学，日啖槟榔当啜茶。

2018

本草光阴

农历戊戌年

中药养生文化日历

十一月

20

星期二

农历十月十三

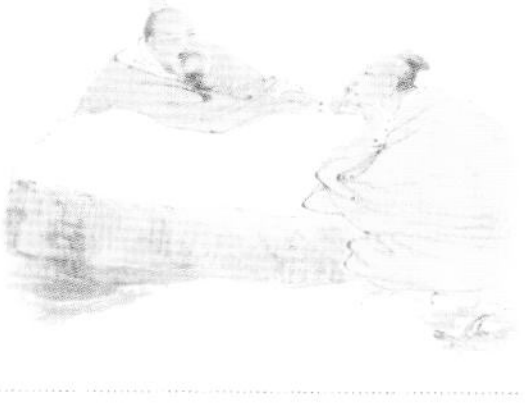

苍耳子

Xanthium sibiricum

性 味:辛、苦,温。

功 效:散寒解表,宣通鼻窍,祛风除湿。

2018

本草光阴

农历戊戌年

中药养生文化日历

十一月

21

农历十月十四

星期三

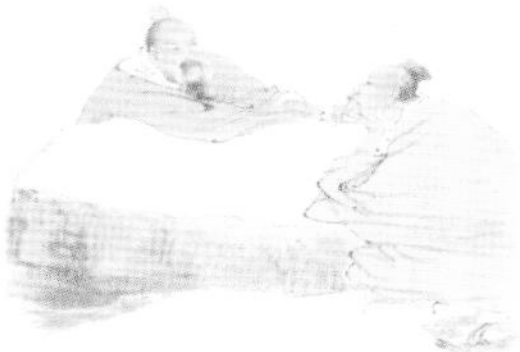

五味子

Schisandra chinensis

主产东北。以粒大、果皮紫红、肉厚、柔润者为佳。

性 味:酸、甘,温。

功 效:收敛固涩,益气生津,补肾宁心。

2018

农历戊戌年

本草光阴

中药养生文化日历

十一月

星期四

22

农历十月十五

小雪

五味子

Schisandra chinensis

养生药膳

五味子炖蛋

配　方: 鸡蛋 2 个,五味子 15 克。

制　作: 先用水煮五味子,水开后将蛋破皮整卧入汤中,炖熟,食蛋饮汤。

功　效: 止痢固涩。

文化故事

五味子"五味俱全",故得其名。《新修本草》对此曾有深刻的描述:"五味,皮、肉甘、酸,核中辛、苦,都有咸味,此则五味具也。"

2018

本草光阴

农历戊戌年

中药养生文化日历

十一月

23

农历十月十六

星期五

冬虫夏草

Cordyceps sinensis

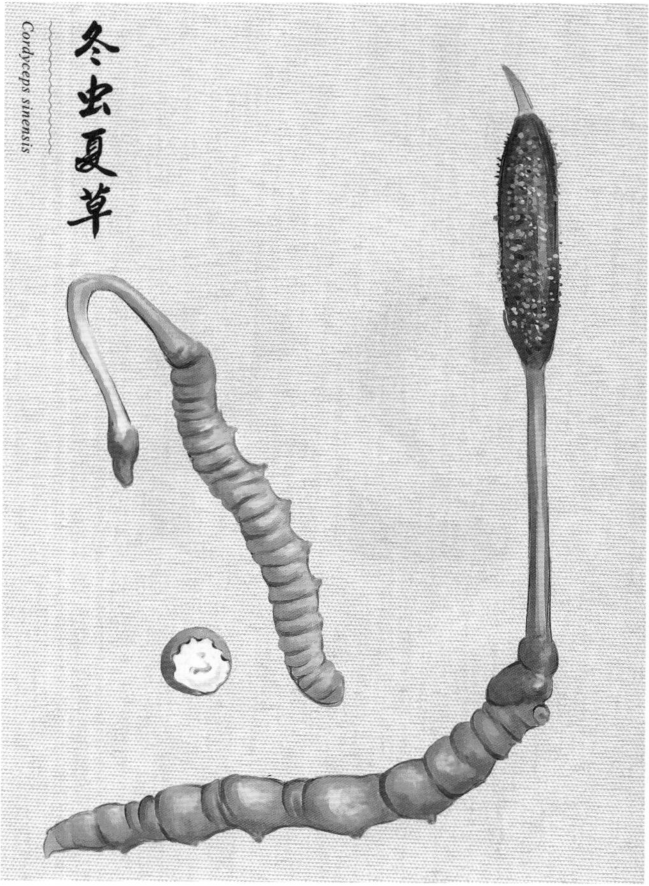

主产四川、青海、西藏等地。以完整、虫体肥大、外表黄亮、断面色白、子座短者为佳。

性 味：甘、咸，温。

功 效：补肺益肾，止血化痰。

2018

本草光阴

农历戊戌年

中药养生文化日历

十一月

24

农历十月十七

星期六

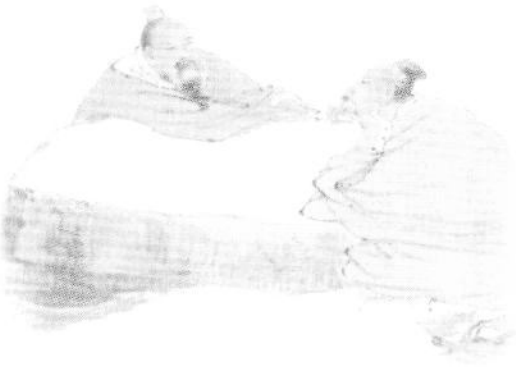

冬虫夏草

Cordyceps sinensis

养生药膳

冬虫夏草排骨汤

配 方：冬虫夏草 7 克，猪排骨 300 克，枸杞子 15 克，调料适量。

制 作：猪排骨洗净，剁成小块，放入沸水汆透捞出，凉水冲洗干净；砂锅内加入水、排骨用文火炖煮 3 小时，加入冬虫夏草及调料，继续煨炖 30 分钟即可。

功 效：益肺补肾。

文化故事

《聊斋志异外集》（清）蒲松龄

冬虫夏草名符实，变化生成一气通。

一物即能兼动植，世间物理信难穷。

十一月

25

星期日

农历十月十八

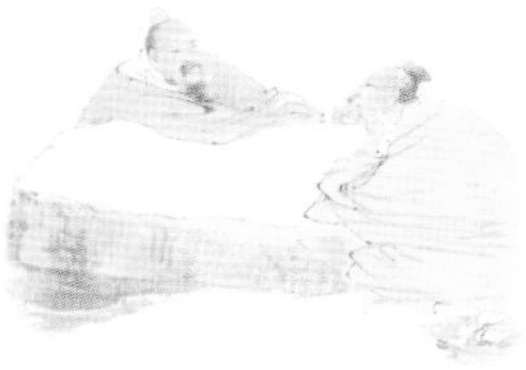

狗脊

Cibotium barometz

主产福建、四川等地。以肥大、质坚实、表面有金黄色茸毛者为佳。

性 味:苦、甘,温。

功 效:祛风湿,补肝肾,强腰膝。

十一月

26

星期一

农历十月十九

Cibotium barometz

狗脊

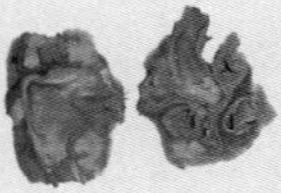

养生药膳

狗脊炖狗肉

配 方: 狗脊、金樱子、枸杞子各15克,瘦狗肉200克。

制 作: 狗脊、金樱子、枸杞子洗净,装纱布袋内,扎口;狗肉洗净,切块,将药材与狗肉一起放入锅中炖熟,食肉饮汤。

功 效: 温补肾阳,滋阴固摄。

文化故事

《本草诗·狗脊》(清)赵瑾叔

金毛狗脊有形传,萆薢功同若比肩。
火把黑须燎去净,酒将青节浸来鲜。
苦除风湿机关利,温补劳伤气力坚。
强膂扶筋功不小,命名取义岂徒然。

十一月

27

星期二

农历十月二十

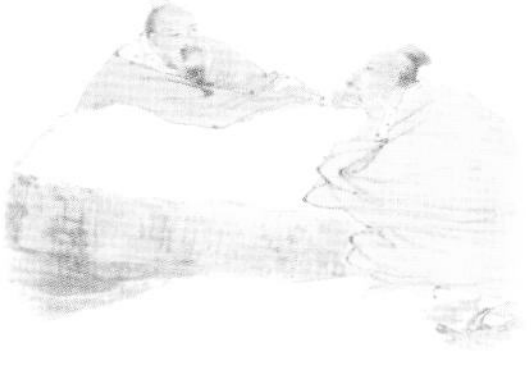

酸枣仁

Ziziphus jujuba

主产河北、陕西等地。以粒大饱满、外皮紫红、有光泽者为佳。

性 味:甘、酸、平。

功 效:养心益肝,宁心安神、敛汗,生津。

十一月

28

星期三

农历十月廿一

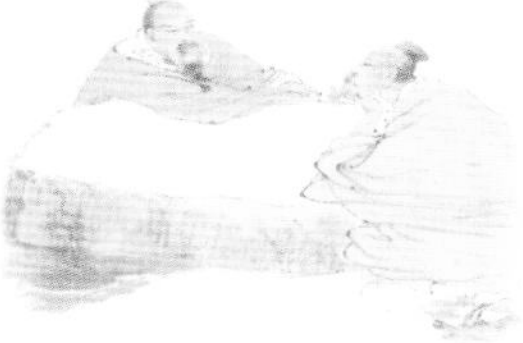

酸枣仁

Ziziphus jujuba

养生药膳

枣仁百合汤

配　方：鲜百合 500 克，酸枣仁 15 克。

制　作：百合用清水浸泡 24 小时，取出洗净；将酸枣仁小火炒后，加适量水，煎后去渣，再放入百合煮熟即可。

功　效：养心安神。

文化故事

唐永淳年间(682—683)，相国寺一僧人常妄哭妄动，狂呼奔走，百医无效。药王孙思邈用酸枣仁研末调酒令其服下，以微醉为度，服用后僧人癫狂渐愈。

2018

农历戊戌年

本草光阴

中药养生文化日历

十一月

29

农历十月廿二

星期四

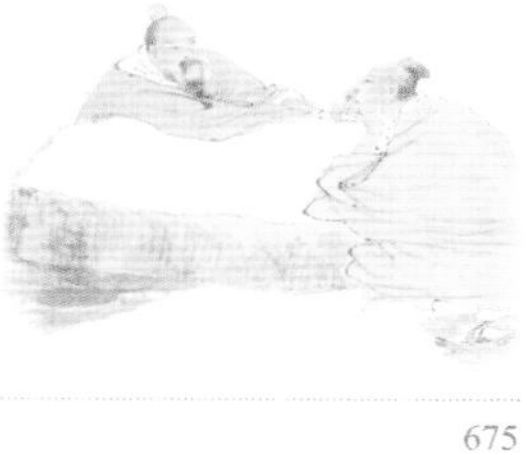

沉香

Aquilaria sinensis

主产海南、广东等地。以色黑、质坚硬、油性足、含树脂多、香气浓而持久、能沉水者为佳。

性 味：辛、苦，微温。

功 效：行气止痛，温中止呕，纳气平喘。

2018

本草光阴

农历戊戌年

中药文化养生日历

十一月

星期五

30

农历十月廿三

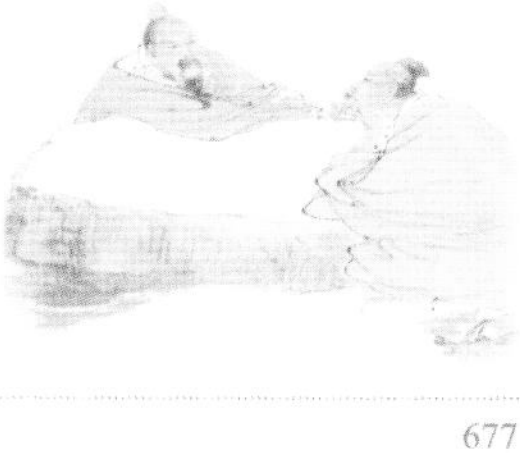

沉香

Aquilaria sinensis

养生药膳

双香炖猪肠

配　方： 沉香 5 克，木香 10 克，猪大肠 250 克，调料适量。

制　作： 沉香、木香装入纱布袋中；猪大肠洗净，切细；锅内加水放入大肠，煮沸去沫；加葱、姜煮至肠将熟，放入药袋，煮至大肠极软，调味即可。

功　效： 行气通滞，润肠通便。

文化故事

体香质重，置于水中则下沉；其香浓烈，高雅清净，能安定心神，故名沉香。沉香素有“百香之王”美誉，为香之极品。

2018

本草光阴

农历戊戌年

中药养生文化日历

十二月

1

星期六

农历十月廿四

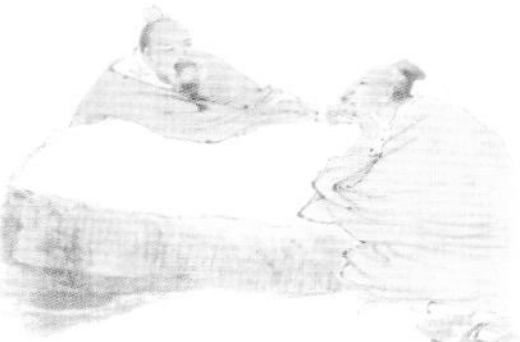

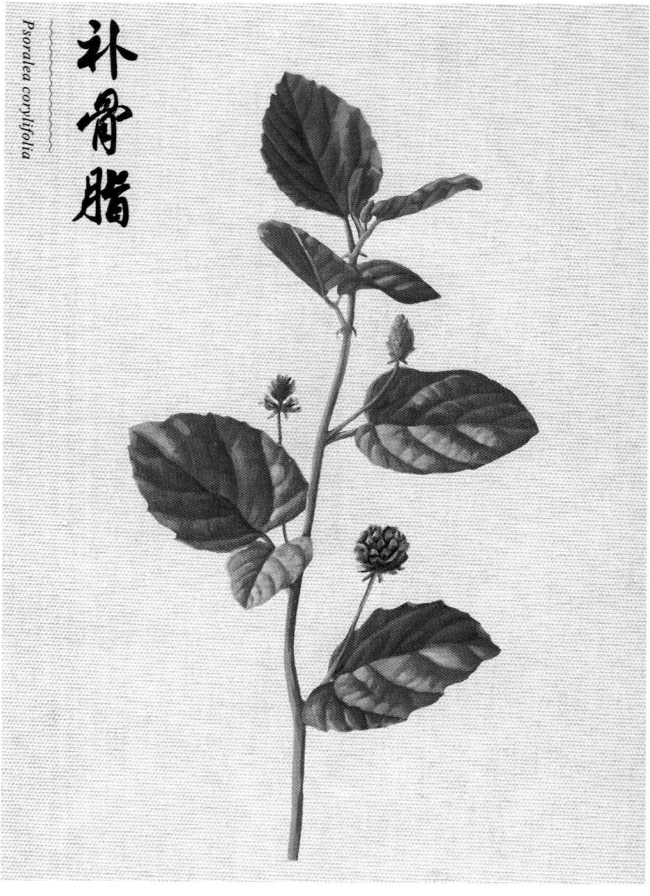

主产四川、河南等地。以粒大、饱满、色黑者、气味浓为佳。

性 味:辛、苦,温。

功 效:温肾助阳,纳气平喘,温脾止泻。

2018

农历戊戌年

本草光阴

中药养生
文化日历

十二月

2

星期日

农历十月廿五

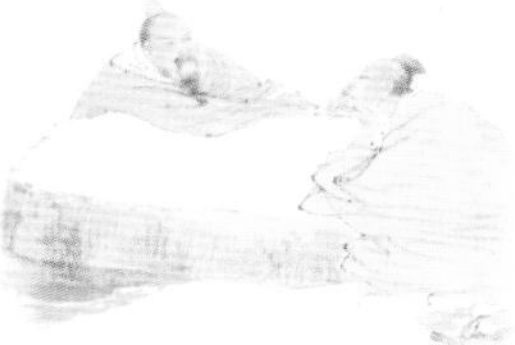

补骨脂

Psoralea corylifolia

养生药膳

猪腰补骨脂汤

配 方: 补骨脂 20 克,猪腰子 1 对,盐适量。

制 作: 猪腰洗净,切成小块,与补骨脂同入锅内,加水煮熟,放少许食盐调味即可食用。

功 效: 补肾固精。

文化故事

唐元和年间(806—820),75 岁的郑愚被任命为海南节度使。因年老,不耐途中劳顿和水土不服而一病不起。诃陵国赠与补骨脂,服后众疾霍然而愈。

2018

本草光阴

农历戊戌年

中药养生文化日历

十二月

3

星期一

农历十月廿六

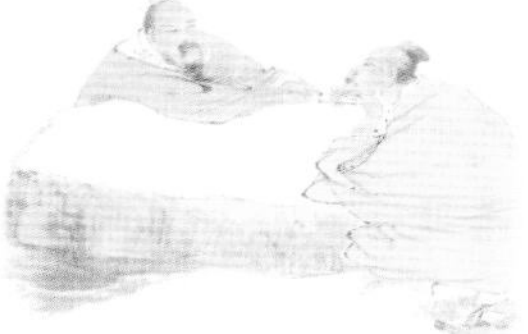

主产内蒙古、新疆等地。以条粗壮、密被鳞叶、色棕褐、质柔润者为佳。

性 味：甘、咸，温。

功 效：补肾阳，益精血，润肠通便。

十二月

4

农历十月廿七

星期二

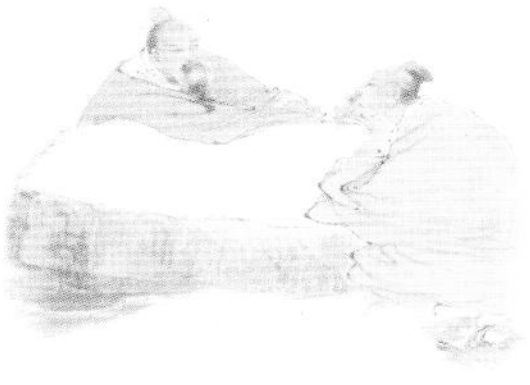

肉苁蓉

Cistanche deserticola

养生药膳

肉苁蓉粥

配　方: 肉苁蓉15克,精羊肉100克,粳米50克。

制　作: 肉苁蓉加水100毫升,煮烂去渣;精羊肉切片入砂锅内,加水200毫升,煎数沸,待肉烂后,再加水300毫升;将粳米煮至米开汤稠时加入肉苁蓉汁及羊肉,再同煮片刻停火,盖紧盖焖5分钟即可。

功　效: 补肾壮阳,润肠通便。

文化故事

药性平和,温而不热、暖而不燥,功用缓和、补泻同体、阴阳同补,从容缓和,故名肉苁蓉。因功用卓著,长于沙漠,又有“沙漠人参”之称。

十二月

5

星期三

农历十月廿八

泽兰

Lycopus lucidus

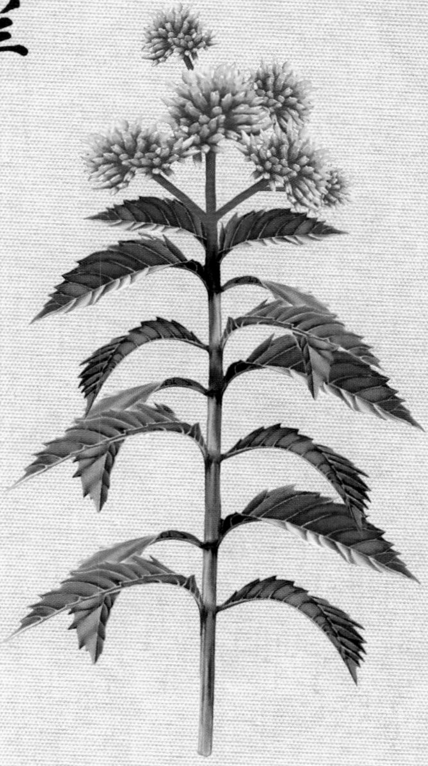

以质嫩、色绿、叶多者为佳。

性　味：辛、苦，微温。

功　效：活血调经，祛瘀消痈，利水消肿。

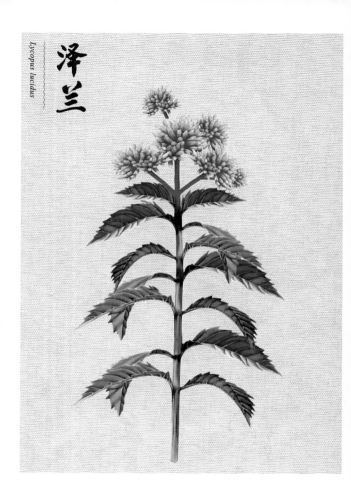

十二月

6

星期四

农历十月廿九

山楂

Crataegus pinnatifida

主产山东、河北等地。以片大、皮红、肉厚者为佳。

性 味：酸、甘，微温。

功 效：消食健胃，行气散瘀。

2018

本草光阴

农历戊戌年

中药文化养生日历

十二月

7

星期五

农历十一月初一

大雪

山楂

Crataegus pinnatifida

养生药膳

冰糖葫芦

配　方：山楂12个，冰糖100克，白芝麻50克。

制　作：山楂串成串；锅里倒入冰糖，倒入清水，熬10分钟至冒大气泡，摇晃。锅中放入芝麻，摇晃均匀；将山楂串蘸糖，迅速冷却即可。

功　效：消食化积，健脾开胃。

文化故事

南宋绍熙年间（1190—1194），宋光宗的爱妃生了怪病，面黄肌瘦，不思饮食。一位江湖郎中揭皇榜进宫为贵妃处方：将山楂与红糖煎熬，饭前吃5~10枚。贵妃服用半月后而愈。

2018

农历戊戌年

本草光阴

中药养生文化日历

十二月

8

星期六

农历十一月初二

杜仲

Eucommia ulmoides

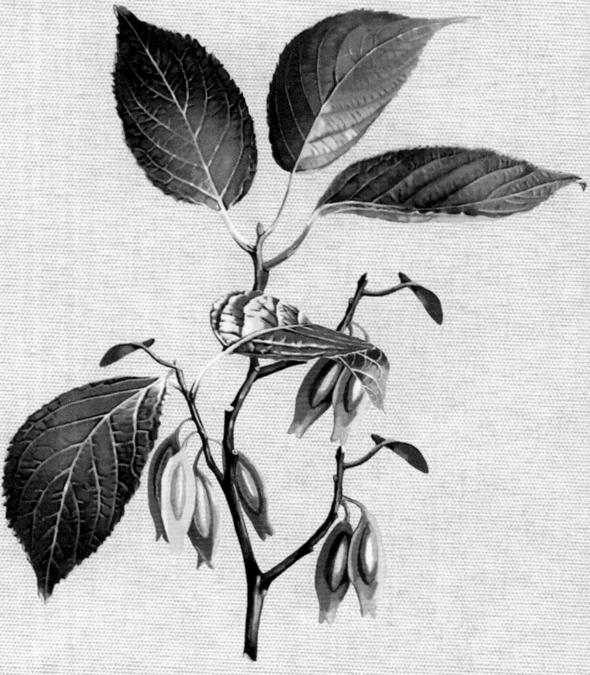

主产湖北、四川、陕西等地。以皮厚、块大、内表面暗紫色、断面橡胶丝多者为佳。

性 味：甘，温。

功 效：补肝肾，强筋骨，安胎。

十二月

9

农历十一月初三

星期日

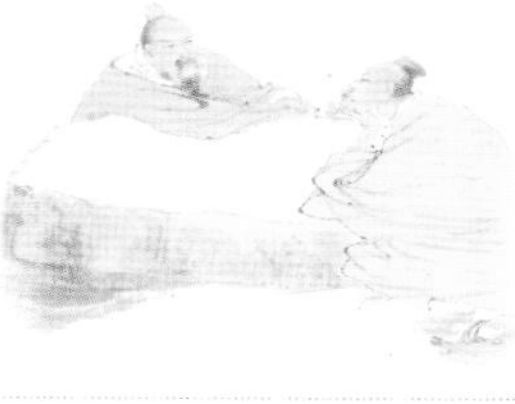

杜仲

Eucommia ulmoides

养生药膳

杜仲爆羊腰

配　方：杜仲 15 克，五味子 6 克，羊腰 500 克，调料适量。

制　作：杜仲、五味子洗净，加水煮 40 分钟，过滤取汁；羊腰洗净，剔除筋膜，切成腰花，用调好的药汁拌匀；锅置火上，加入腰花，用旺火爆炒，烹入料酒、酱油，加入盐、葱、姜、蒜，煸炒片刻即可。

功　效：补益肝肾。

文化故事

《本草纲目》：昔日有一人名叫杜仲，服此药后身体轻盈，病痛消除，得道成仙，故称为杜仲。思仲、思仙之别名亦源于此。

十二月

星期一

10

农历十一月初四

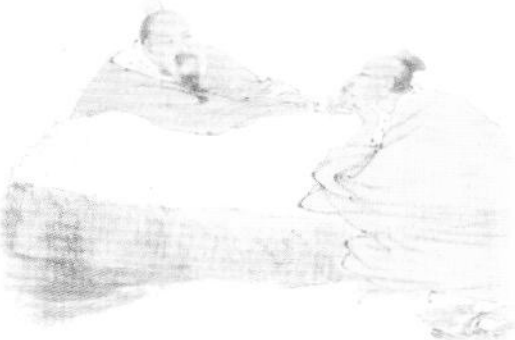

旱莲草

Eclipta prostrata

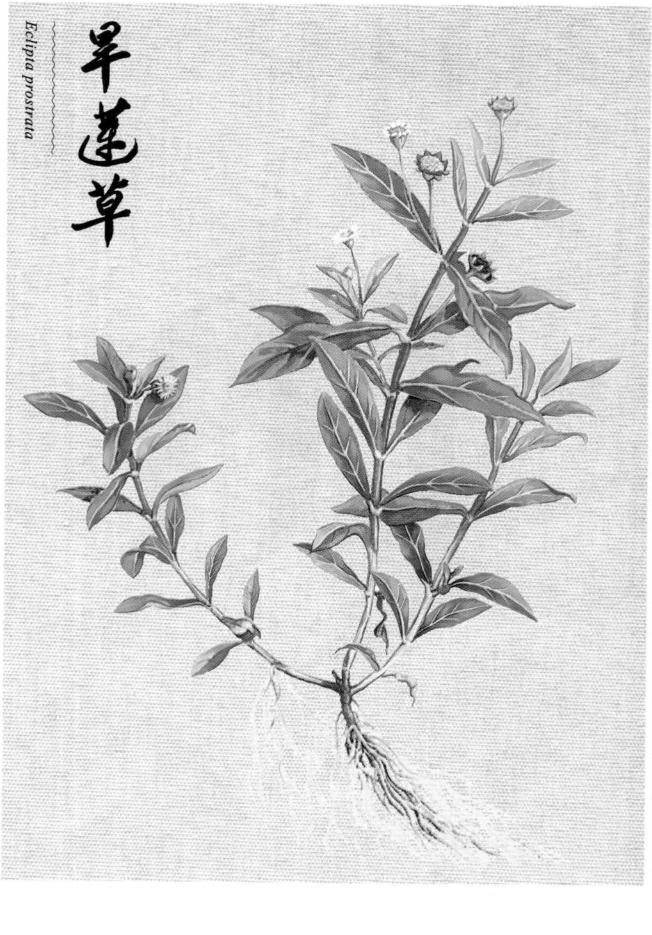

主产江苏、江西、浙江等地。

性 味:甘、酸,寒。

功 效:滋补肝肾,凉血止血。

2018

本草光阴

农历戊戌年

中药文化养生日历

十二月

11

星期二

农历十一月初五

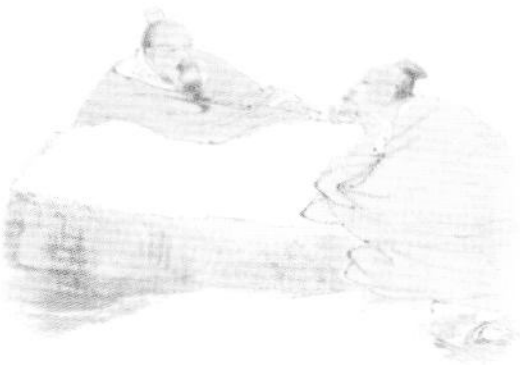

旱莲草

Eclipta prostrata

养生药膳

旱莲红糖饮

配　方：旱莲草 100 克，红糖 30 克。

制　作：旱莲草洗净，入温水中浸泡 30 分；大火烧开后改小火煎煮 20 分钟，去渣取汁；加入红糖，用小火煮至红糖完全溶化即可。

功　效：养阴补肾。

文化故事

《拒霜旱莲》（南宋）范成大

霜天木芙蓉，陆地旱莲草。

水花云锦尽，不见秋风好。

2018

本草光阴

中药养生文化日历

农历戊戌年

十二月

星期三

12

农历十一月初六

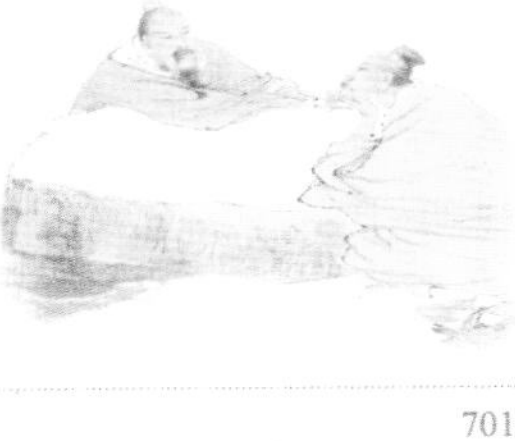

覆盆子

Rubus chingii

主产浙江、湖北等地。以粒大饱满、质坚实、色黄绿、酸涩味浓者为佳。

性 味:甘、酸,温。

功 效:益肾固精缩尿,养肝明目。

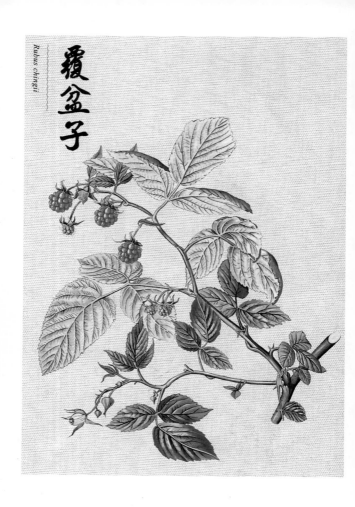

2018

本草光阴

农历戊戌年

中药养生文化日历

十二月

13

农历十一月初七

星期四

Rubus chingii

覆盆子

养生药膳

覆盆子粥

配　方: 覆盆子 30 克,粳米 100 克,蜂蜜 15 克。

制　作: 覆盆子洗净,用纱布包好,扎口;砂锅放入冷水、覆盆子,煮沸后拣去覆盆子,加入粳米,用大火煮开后改小火煮至粥成,下蜂蜜调匀即可。

功　效: 补肾固精缩尿。

文化故事

覆盆子由众多核果聚合而成,呈圆锥形或类圆形,似小盆状,故名覆盆子。《本草衍义》云:"益肾脏,缩小便,服之当覆其溺器,如此取名也。"

2018

本草光阴

农历戊戌年

中药文化养生日历

十二月

14

农历十一月初八

星期五

山茱萸

Cornus officinalis

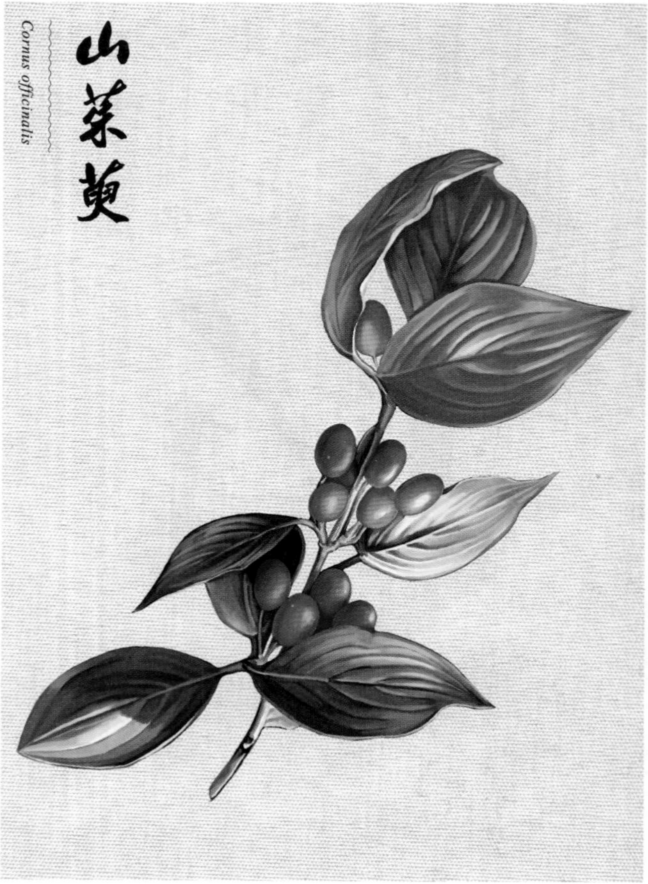

主产浙江、河南等地。以无核皮、肉厚、色紫红、质润柔软、有光泽者为佳。

性　味：酸、涩，微温。

功　效：补益肝肾，收涩固脱。

十二月

15

农历十一月初九

星期六

Cornus officinalis

山茱萸

养生药膳

山茱萸丹皮炖甲鱼

配　方: 山茱萸 20g，牡丹皮 10g，甲鱼 1 只。

制　作: 甲鱼洗净备用；山茱萸、丹皮放入锅内，加水煮 20 分钟；砂锅内放入甲鱼、葱、姜、大枣，再用文火炖 1 个小时；最后调味即可。

功　效: 滋阴凉血。

文化故事

《山茱萸》（唐）王维

朱实山下开，清香寒更发。

幸与丛桂花，窗前向秋月。

2018

农历戊戌年

本草光阴

中药文化养生日历

十二月

16

星期日

农历十一月初十

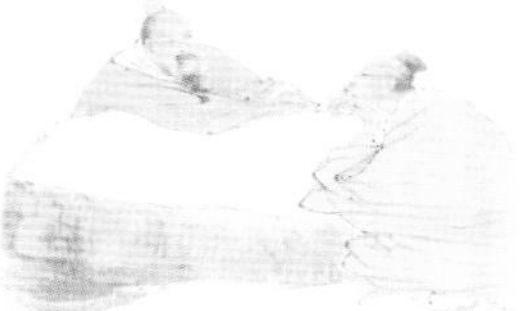

当归

Angelica sinensis

主产甘肃。以主根粗长、油润、断面色黄白、气味浓郁者为佳。

性　味：甘、辛，温。

功　效：补血活血，调经止痛，润肠通便。

本草光阴

中药养生文化日历

十二月

17

星期一

农历十一月十一

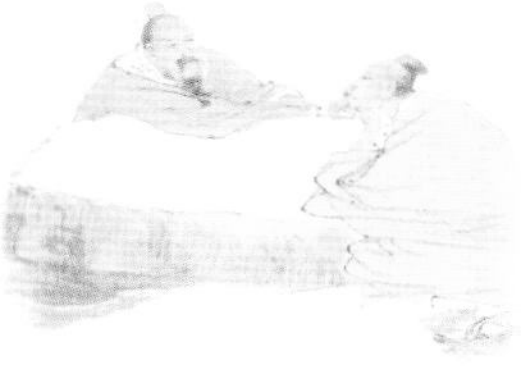

当归

Angelica sinensis

养生药膳

当归生姜羊肉汤

配 方：羊肉 400 克，当归 20 克，生姜少许。

制 作：羊肉切块冷水下锅，焯去血沫洗净；放入砂锅里，一次性加入足量的水，加入当归、生姜，炖 1 个半小时左右，待羊肉软烂后即可食用。

功 效：温中补虚，祛寒止痛。

文化故事

《三国志·姜维传》记载：建兴六年，姜维在魏国受到欺压，便毅然投靠诸葛亮。此事被魏国的谋臣知道后，便将姜维的母亲接到洛阳，逼她写信给姜维，并在信封里附上当归，其意要姜维回归魏国。姜维接信后，反复思量，认为蜀国是汉室正统，而且诸葛亮对自己十分信任和器重，认为统一中原之时，才是母子团圆之日。于是他给母亲回信，并附上一些远志述说志向："良田百顷，不在一亩（母）；但有远志，不在当归。"

2018

本草光阴

农历戊戌年

中药养生文化日历

十二月

18

星期二

农历十一月十二

小茴香

Foeniculum vulgare

全国各地均有栽培。以果实饱满、色黄绿、气味浓者为佳。

性 味：辛，温。

功 效：散寒止痛，理气和胃。

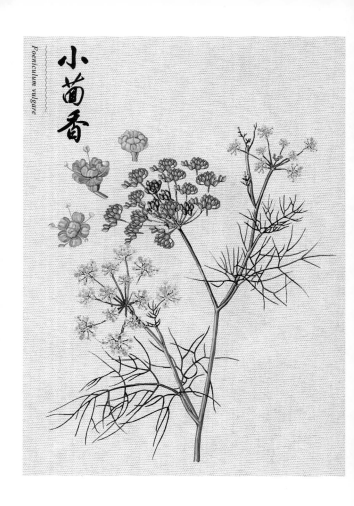

2018

农历戊戌年

本草光阴

中药养生文化日历

十二月

19

星期三

农历十一月十三

小茴香

Foeniculum vulgare

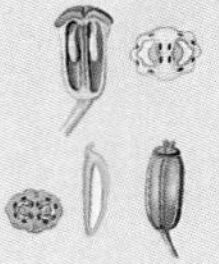

养生药膳

小茴香粥

配　方：小茴香 20 克，粳米 100 克。

制　作：小茴香洗净，放入纱布袋内，扎口；加水煮 30 分钟，放入洗净的粳米，煮粥至熟即可。

功　效：行气止痛，健脾开胃。

文化故事

《和柳子玉官舍十首·茴香》（北宋）黄庭坚

邻家争插红紫归，诗人独行嗅芳草。

丛边幽蠹更不凡，蝴蝶纷纷逐花老。

2018

本草光阴

农历戊戌年

中药养生
文化日历

十二月

20

农历十一月十四

星期四

延胡索

Corydalis yanhusuo

主产浙江、湖北等地。以个大、饱满、质坚实、断面色黄、苦味浓者为佳。

性 味: 辛、苦,温。

功 效: 活血,行气,止痛。

2018

本草光阴

农历戊戌年

中药养生
文化日历

十二月

21

星期五

农历十一月十五

女贞子

Ligustrum lucidum

主产浙江、江苏等地。以粒大、饱满、色灰黑、质坚实者为佳。

性 味:甘、苦,凉。

功 效:滋补肝肾,明目乌发。

2018

农历戊戌年

本草光阴

中药养生文化日历

十二月

22

星期六

农历十一月十六

冬至

女贞子

Ligustrum lucidum

养生药膳

甲鱼女贞枸杞汤

配 方：甲鱼1只，女贞子30克，枸杞子30克，山茱萸30克，调料适量。

制 作：甲鱼去头和内脏，洗净；枸杞子、山茱萸、女贞子洗净，装入纱布袋内，扎紧；砂锅内加水，放入甲鱼、药袋、姜、葱等，用旺火烧开，改用文火煮至甲鱼熟烂，捡出药袋，调味即可食用。

功 效：滋补肝肾。

文化故事

女贞子历数九寒冬而常青，常以其耐寒之性象征女子忠贞，故以“女贞”名之。正如李时珍所云：“此木凌冬青翠，有贞守之操。”

2018

本草光阴

农历戊戌年

中药养生文化日历

十二月

23

星期日

农历十一月十七

大血藤

Sargentodoxa cuneata

主产江西、湖北、江苏等地。以条匀、粗大者为佳。

性 味：苦，平。

功 效：清热解毒，活血，祛风止痛。

十二月

24

星期一

农历十一月十八

Sargentodoxa cuneata

大血藤

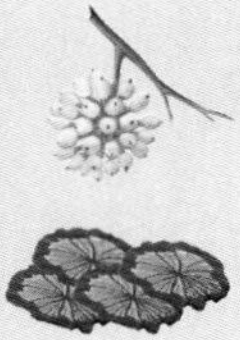

养生药膳

大血藤酒

配　方:大血藤 30g,黄酒 120 毫升。

制　作:大血藤洗净,沥干,加入黄酒,煎至 60 毫升左右即可。

功　效:活血通络,清热解毒。

文化故事

一乡民喜食生肉,常闹腹痛。一日在破庙,发现瓮里有赤色水,连酌饮之,只觉水甘如饴,次日竟解出寸白虫。这瓮里的水便是大血藤浸泡。

十二月

25

星期二

农历十一月十九

圣诞节

鸡血藤

Spatholobus suberectus

主产广西、广东等地。以树脂状分泌物多者为佳。

性 味:苦、甘,温。

功 效:活血补血,调经止痛,舒筋活络。

十二月

26

星期三

农历十一月二十

Spatholobus suberectus

鸡血藤

养生药膳

鸡血藤鸡肉汤

配　方：鸡血藤、生姜、川芎各 20 克，鸡肉 200 克，调料适量。

制　作：鸡肉洗净、切片、汆水；鸡血藤、川芎、生姜洗净，入锅加水煎煮，去渣取汁；鸡肉入锅，大火煮开改小火炖煮 1 小时，再倒入药汁煮沸，调味即可。

功　效：活血化瘀止痛。

文化故事

一放牛娃患怪病，全身麻木，酸痛不适，被财主赶走。住在寺庙，与和尚一起上山采药，巧遇一流出鸡血般液体的粗藤，他服用后霍然病愈。这藤便是鸡血藤。

2018

本草光阴

农历戊戌年

中药养生文化日历

十二月

27

星期四

农历十一月廿一

天麻

Gastrodia elata

主产四川、云南、贵州、陕西等地。

性 味：甘，平。

功 效：息风止痉，平抑肝阳，祛风通络。

十二月

28

农历十一月廿二

星期五

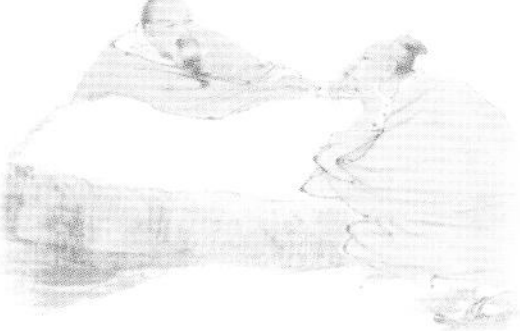

天麻

Gastrodia elata

养生药膳

天麻炖鸡

配　方：天麻 30 克，乌骨鸡 1 只，调料适量。

制　作：乌骨鸡洗净；天麻切片装入鸡肚内，后放入锅中；在锅中加入姜、盐、黄酒、清水各适量；先用武火烧开，再用文火炖至熟烂，最后调味即可。

功　效：平肝祛风，通络止痛。

文化故事

建安十三年（208），曹操率军行至庐州，因舟车劳顿，头风病发作。随军医官开出一道药膳——天麻炖鸡。曹操食用后头痛缓解，名之曹操鸡。

2018

本草光阴

农历戊戌年

中药养生文化日历

十二月

29

星期六

农历十一月廿三

主产河北、河南、山东等地。

性　味：甘，温。

功　效：补中益气，养血安神。

2018

本草光阴

农历戊戌年

中药养生文化日历

十二月

30

农历十一月廿四

星期日

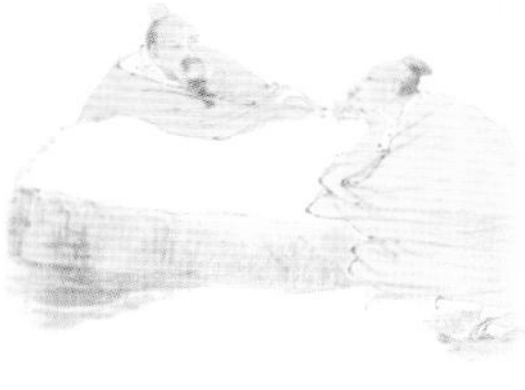

红枣

Ziziphus jujuba

养生药膳

小米红枣粥

配　方:小米 30~50 克,红枣 10~20 枚。

制　作:小米洗净;红枣洗净去核;红枣、小米一起放入锅内,加水适量,烧沸,转用文火熬煮至米熟烂成粥。

功　效:和胃安神。

文化故事

红枣采收于秋季,成熟时呈红色,故而名之。因其果实肥大,常被称为大枣。其生于树上,味甜如蜜,故又得木蜜、美枣、良枣之美名。

十二月

31

星期一

农历十一月廿五

中药名拼音索引

编写说明

- 《本草光阴——2018中药养生文化日历》以中药为主线，以服务健康为宗旨，内容以中药与健康知识为主，通过优美精致的文字和插图，传递了丰富的中医药知识，展示了浓厚的中医药与传统文化内涵。

- 以光阴为轴，每1～2天讲述一味中药的相关知识，内容主要包括主产地、性味、功效、养生药膳、文化故事及本草诗歌等，我们为每一味中药都制作了精美清晰的本草图片，使您在阅读时图文并茂，不知不觉中领悟到中药保健的魅力与其蕴含的博大精深的中华传统文化。

- 日历中本草排序，多结合其采收季节、时令常用药等为序；在二十四节气日，我们特意挑选了与节气相应的养生中药，在为您介绍中药养生知识的同时，我们还在每一个节气日制作了相应的二维码，手机扫描二维码，即可了解更多、更丰富的节气养生知识。

- 日历末附有药物拼音索引，方便您查找关心的药物。

- 我们期待中药文化养生知识陪您度过每一天的美好时光。

图书在版编目（CIP）数据

本草光阴：2018 中药养生文化日历 / 杨柏灿编．—北京：人民卫生出版社，2017
ISBN 978-7-117-24656-9

Ⅰ. ①本… Ⅱ. ①杨… Ⅲ. ①历书 - 中国 - 2018②中草药 - 养生（中医） Ⅳ. ①P195.2②R212③R243

中国版本图书馆 CIP 数据核字（2017）第 119660 号

人卫智网 www.ipmph.com 医学教育、学术、考试、健康，购书智慧智能综合服务平台
人卫官网 www.pmph.com 人卫官方资讯发布平台

本草光阴——2018 中药养生文化日历

编　　者：杨柏灿
出版发行：人民卫生出版社（中继线 010-59780011）
地　　址：北京市朝阳区潘家园南里 19 号
邮　　编：100021
E - mail：pmph @ pmph.com
购书热线：010-59787592 010-59787584 010-65264830
印　　刷：北京顶佳世纪印刷有限公司
经　　销：新华书店
开　　本：889 × 1194 1/48 印张：15.5
字　　数：625 千字
版　　次：2017 年 7 月第 1 版 2017 年 7 月第 1 版第 1 次印刷
标准书号：ISBN 978-7-117-24656-9/R · 24657
定　　价：80.00 元
打击盗版举报电话：010-59787491 E-mail：WQ @ pmph.com
（凡属印装质量问题请与本社市场营销中心联系退换）

本日历采取裱头胶订方式，便于读者翻阅和撕下单页日历收藏。

策划编辑 李 丽 责任编辑 周 玲 李 丽 整体设计 郭 淼 白亚萍